독자님, 이렇게 책으로 만나뵙게 되어 영광입니다.

블로그, SNS, 유튜브 등에 이 책을 읽은 리뷰를 남겨주시면

큰 힘이 됩니다.

리뷰에는 사진을 찍어 올려주시면 더욱 감사합니다♡

동영상으로 촬영하셔도 됩니다.

독자님의 따뜻한 감상평은 독서의 시간을 더욱 아름답게 할 것입니다.

앞으로도 더 좋은 책으로 만나뵙겠습니다.

# 육아는 힘이 된다

# 육아는 힘이 된다

장정민 지음

마음세상

# 들어가는 글

아이가 유아식을 먹기 시작한 이후 삼시 세끼 밥을 지어 먹이는 일은 나에겐 무척 힘든 일과였다. 밥, 간식, 밥, 간식의 끝없는 향연 속에서 주방을 쉬이 벗어날 수 없었다. 없는 요리 솜씨로 반찬 몇 가지를 만들어 내는 일은 쉽지 않았다. 요리책을 보고 그대로 따라 만드는 데도 완성하고 나면 어딘가가 늘 부족했다. 하면 할수록 어려운 게 아이 밥을 짓는 일이었다. 아이가 잠이 들면 주방에 서선 내일 먹일 반찬을 만들었다. 졸린 눈을 비벼가며 만든 반찬을 아이들에게 내어줄 때마다 가슴이 콩닥거렸다.

'이번에는 잘 먹어줄 거지? 엄마가 진짜 열심히 만든 거야!'

간절한 마음이었다. 하지만 잘 먹어주는 날보다 입을 다물고 안 먹겠다고 시위하는 날이 더 많았다. 힘들게 반찬을 만든 보람이라곤 하나도 없는 그런 날이 이어졌다. 밥을 짓는 일에 신물이 나기 시작했다.

'잘 먹어줘도 힘든데 먹지도 않는단 말이야?'

화가 나고 괘씸한 마음이 들었다. 그러면서도 안 먹으면 잘 크지 않을 텐데 배곯아서 어쩌나 하는 걱정이 앞서곤 했다. 양극단의 감정 사이에서 매일 괴로웠다. 차려주면 안 먹고, 안 차려주자니 마음이 쓰이는 그런 것.

간편하게 만들어 먹이기로 마음먹었다. 새벽 내내 주방에서 반찬을 만드는, 내 한계를 벗어나는 짓은 그만하기로 했다. '조금 편하게 밥을 차려내자. 대신 밥을 차리는 그 에너지를 다른 형태로 아이에게 쓰자.'라고 마음먹었다.

그렇게 생각해 낸 것이 바로 '채소 베이스' 다. 집에 있는 온갖 채소를 몽땅 채썰어 기름에 볶아 간단히 간을 하면 완성된다. 그 베이스를 이용하여 볶음밥이며, 국, 죽, 심지어 반찬까지 만들어 냈다. 냉장고에 넣어두고 밥을 할 때마다 한 숟가락씩 떠서 썼다. 마치 양념장처럼. 세끼 중 한두 끼는 그렇게 간편하게 밥을 차리기 시작했다. '몰라. 먹으려면 먹고 말라면 말아!' 하면서.

의외로 아이들이 잘 먹어주었다. 어느 날엔 카레로 어느 날엔 짜장으로 또 어느 날엔 간장으로 밥을 볶았다. 간을 다르게 해서 내니 아이들도 질려 하지 않았다. 신세계였다. 반찬 없이 밥만 볶아 내어주어도 마음이 편했다. 어차피 밥 안에 온갖 채소며, 고기가 들어 있었으니깐.

혹시나 하는 마음에 블로그에 '채소 베이스'에 대한 정보를 올려두었다. 어쩌면 나와 같이 밥을 차려내는 일 때문에 매일 골머리를 싸고 있는 엄마들이 있지 않을까 해서. 조금이나마 도움이 되지 않을까 생각했다. 그리고 그 글은 한참 뒤 '네이버 부모 i' 코너 메인에 떡 하니 소개되었다. 내 글이 네이버 메인에 올랐다니! 그 자체로 블로거인 나에겐 영광이었다. 그런데 정말 큰 기쁨은 그 후에 일어났다. 블로그 글을 본 엄마들의 반응이 어마어마했다. 나를 '천재'로 불러주기도 하고 어떻게 이러한 생각을 할 수 있느냐고 물개박수를 보내

주기도 했다. '이젠 밥을 차려주는 일이 두렵지 않아요.' '진짜 매일 고민이었는데 정말 고마워요.' 댓글도 많이 달렸을 뿐더러 500개가 넘는 공감도 받았다. 그때 생각했다.

'아! 나와 같이 밥 짓는 일로 힘들어하는 엄마들이 많이 있구나!'

블로거로서 뿌듯하기도 했지만 한 인간으로서 마음이 풍요로워지는 경험을 하였다. 누군가의 일상에 내 글이 도움이 된다는 사실에 나는 기뻤다.

블로그에 육아에세이를 연재하게 된 계기도 같다. 육아를 하는 엄마에게 가장 필요한 것은 '공감'과 '위로'라는 것을 깨달았다.

나의 글이 그러한 역할을 해 줄 수 있다면, 마음이 힘든 누군가를 꼭 끌어안아 줄 수 있다면 얼마나 기쁠까. 이것은 타인을 위한 일임과 동시에 나 스스로를 위한 일이기도 했다. 숱한 순간을 쓰면서 버텨왔으니깐.

비루한 글솜씨지만 진솔하게 쓰려고 노력했다. 여태껏 좋은 글에 힘을 얻어가는 처지였다면 이번엔 나의 글이 누군가에게 힘을 실어주었으면 좋겠다고 생각하면서. 마치 '채소 베이스'처럼.

힘들 때 마음을 알아주는 글을 만나면 배부르게 밥을 한 끼 먹은 것처럼 몸과 마음이 든든했다. 옆에서 직접 등을 토닥여 주는 건 아니지만 한 편의 글은 지친 나를 꼭 끌어안아 주었다.

밥 한 끼 제대로 챙겨 먹지 못하고 아이를 보느라 발을 동동 구르며 온 마음을 쓰고 있을 나와 같은 엄마들에게 따스한 밥 한 끼 같은 글을 차려주고 싶었다. 이 글이 갓 지은 밥 한 끼가 되어주길 간절히 바란다.

나의 선한 마음이 돌고 돌아 자식에게 복이 되어준다는 말을 아이를 낳고 난 후 좋아하게 되었다. 내가 한 잘못이 자식에게 그대로 돌아간다는 저주를 이젠 믿는다. 앞만 보고 살던 내가 주위에 눈길을 줄 수 있었게 되었다. 순전히 아이 덕분에 내가 변했다.

타인의 도움 없이 아이를 키운다는 건 끝없는 모래사막을 혼자 걷는 것처럼 힘들고 고될 것이다.

타인의 따스한 관심과 배려는 뜨거운 사막 길에서 만난 반가운 오아시스처럼 큰 힘이 되어줄 것이 분명하다. 한 번은 내가 오아시스가 되고, 또 한 번은 그 누군가가 나의 오아시스가 되어주고……. 그렇게 육아를 한다면 육아도 꽤 할 만하지 않을까.

나의 이야기를 읽으면서 입가에 미소가 지어지면 좋겠다. 고된 육아 속에서 짬짬이 읽는 이 이야기가 시원한 오아시스가 되어주길 바란다. 고작 책 한 권으로 견뎌낼 수 없는 게 '육아'라는 걸 잘 알고 있지만 그럼에도 불구하고 마음이 무언가로 가득 차오를 수 있으면, 그 든든함에 잠시나마 마음이 푸근해진다면 더없이 기쁠 것 같다. 특별할 것 없는 평범한 나의 이야기가 엄마들의 마음에 작은 빛이 된다면 더 바랄 것 없겠다.

결이 다른 희생과 봉사와 인내를 해야 하는 게 육아라는 걸 직접 해 보고 난 후에 알게 되었다.

내 모든 걸 내어줘야하는 굉장한 일이 육아라는 것도 깨달았다. 그런데 참 이상한 것은 예전같으면 결코 참아낼 수 없었던 순간까지 끝내 버텨내는 힘이 엄마라는 이유로 생겼다는 것이다. '엄마'하고 부르기만 할 땐 몰랐던 '엄마'라는 존재의 위대함을 내 자식을 키우며 비로소 알게 되었다. 누구나 다 하는 보잘 것 없는 일이 아니라 '나'이기 때문에 할 수 있는 대단한 일이 바로 내 아이를 지켜내는 일이다.

시간은 흐르고 아이는 큰다. 나의 모든 걸 쏟아 부어야 하는 이 시기 역시 어느새 흘러 추억하게 되는 날이 올 것이다. 그때 이 시절을 '행복했던 순간'으로 기억할 수 있길 바란다. 그러기 위해선 결국 '지금 이 순간'의 반짝임을 놓치지 않아야겠지.

끝으로 육아를 막 시작하는 주변 친구들에게, 또 이름 모를 누군가에게 꼭 해주고 싶은 말이 있다.

'그럼에도 불구하고 반짝이는 행복을 찾길…….'

세상 모든 엄마를 위해
쌍둥이 엄마 슬슬맘 장정민

## 제3장 내 아이를 지키기 위해서



## 제4장 엄마의 '탄생'

# 제1장
# 함께 살아간다는 것

## 투닥투닥, 토닥토닥

어린아이를 키우는 엄마일수록 더 강력하게 외쳐대는 말이 있다.

"나도 내 시간이 필요해!"

아이를 낳기 전엔 완벽히 이해할 수 없었던 그 말. 할 일이 이전보다 많아져서 조금 더 바빠졌다는 뜻인 줄로만 알았다. 먼저 아이를 낳아 키운 지인이 '내 시간이 없어!'라고 하소연할 때면 '집에서 아이만 키우면 되는데 왜 시간이 없을까?' 고약하고 건방진 생각을 하곤 했다.

'아이가 잘 때 자신만의 시간을 가지면 되는 것 아니야?'

단순하게 생각했다. '먹이고, 재우고, 입히고, 씻기고…….' 기본적인 욕구만 충족시켜 주면 되는 단순 노동 중 하나가 육아인 것 같았다. 몸은 고되어도 어려울 건 없을 줄 알았다. 게다가 남편과 친정, 시댁 부모님에게 잠시 아이를 맡기면 확실한 '자기만의 시간'을 가질 수 있을 텐데. 모든 걸 간단하게 생각했다. '오만방자한 것.' 해 본 적이 없으니 제대로 알 리가 없다.

상대방의 입장을 온전히 이해하기 위해서는 타인과 똑같은 처지가 되어 보는 것이 가장 확실한 방법이라는 말을 들은 적이 있다. 부모가 되어봐야 비로소 나의 부모를 달리 볼 수 있게 되는 것처럼. 먼저 아이를 키운 친구의 넋두리가 사실은 절규와 같은 통곡이었다는 걸 부모가 되고 나서야 알게 된 것처럼.

신생아 둘을 동시에 키우면서 한시도 '제정신' 이었던 적이 없었다. 육아가 처음인 엄마와 이제 막 세상에 태어난 아기가 한 공간에 있다. 처음 하는 육아가 서툰 건 당연한데, '서툰 엄마' 때문에 아기가 불편해하는 것 같아 미안했다. 젖이 잘 안 나오는 것도, 아기가 젖을 잘 못 빠는 것도, 심지어 자꾸만 깨서 우는 것도 내 탓인 것만 같아 늘 발만 동동 굴리며 살았다.

아기와 같이 울기도 했다. 미안해서 울고, 힘들어서 울고, 답답해서 울었다. 잘 먹이고, 잘 재우면 될 줄 알았는데 먹이는 것도, 재우는 것도 내 마음대로 되지 않는다. 하루하루가 좌절의 연속이었다. 혼이 쏙 빠질 만큼 정신이 없었다. 멍 하니 있을 수 조차 없었던 그때. 아이의 울음에 즉시 출동하기 위해 무너지려는 정신을 꽉 붙들고 매일을 살았다. 외줄을 타는 것 마냥 아슬아슬한 상태로 지내는 초보 엄마에게 '내 시간'이라는 게 있을 리 만무했다.

아이가 잠시 잠을 자는 그 시간마저도 아이를 위한 일로 썼다. 스마트 폰을 손에 꽉 쥔 채.  육아 지식이 전혀 없는 초보 엄마에게 포털 사이트 검색은 그야말로 '지푸라기'였다. 아는 것 보다 모르는 것이 더 많으니 육아는 살얼음판 위를 걷는 것 같았고, 나를 휘청거리게 만드는 돌풍 같았다. 그러니 틈틈이 검색을 하는 수밖에. 게다가 아이가 깨어났을 때 평안하게 육아를 다시 시작하기 위해서는 어질러진 집을 치워야 했다. 그런 날들이 하루, 이틀 쌓였다. '엄마' 안에 갇혀 있던 '나'가 더는 못 참겠다는 듯이 마음을 힘껏 두드리며 소리친다.

"나도 내 시간이 필요해!"

아이가 태어난 지 100일쯤부터였다. 신생아 시절보다 오랜 시간 잠을 자 주는 아이 덕분에 비로소 '내 시간'이라는 것이 조금씩 생겨났다. 끝날 것 같지 않던 혼돈이 점차 줄어들고 생활에 질서가 잡히기 시작했다. 아기에게 생활 패턴이 생겼고, 그 패턴에 따라 한걸음 빠르게 반응해 주기만 하면 길게 우는 일 없이 하루가 그럭저럭 지나갔다. 아이는 세상에, 나는 아이에게 적응해 갔다.

저녁에 아이를 재우고 나면 새벽 수유를 할 때까지 네다섯 시간 정도의 여유가 생겼다. 그 시간 중 한두 시간은 내일을 위한 청소 시간으로 썼다. 남편이 아무리 도와주어도 결국 내 손이 가야지 끝나는 게 살림이었다. 시간이 아깝다고 해서 하지 않을 수 없는 일이기도 했다. 그렇게 집안일까지 모두 마치고 나면 소파에 털썩 주저앉아 쉬었다. 매일 같이 밤을 꼴딱 새우던 지난 몇 달에 비하면 지금은 감지덕지라고 해야 하나. 앉아서 쉴 시간도 생기다니!

몇 개월을 두 아이만 바라보며 살았다. 이젠 마음의 여유도 시간의 여유도 조금은 생겼다.

'내 시간을 가지자. 그토록 원하던 내 시간을 가져보자.'

아이를 낳고 시골로 이사를 왔다. 편리한 도심의 생활을 접고 작은 시골 마을로 이사 올 계획 같은 건 애당초 없었다. 예측대로 살아지지 않는 게 인생이라더니…….

시골의 밤에 적응하기까지 다소 오랜 시간이 걸렸다. 낮에는 아이를 본다고 내가 도시에 살고 있는지, 시골에 살고 있는지조차 가늠할 여유가 없었다. 그러다 아이들이 잠이 든 밤이 되면 조명 하나 없는 이 칠흑 같은 어둠 속에 내가 왜 있는 건가 싶어 마음이 서늘해지곤 했다. 그나마 '읍'이라서 다른 옆 마을에 비하면 내가 사는 동네는 번화가에 속하는 편이었지만 도시를 두고 본다면 여기도 시골에 불과하다. 아이들이 잠이 들고 난 후 집 밖을 나가도 도무지 할 수 있는 것이라곤 없다.

목욕탕마저 차를 타고 20분을 달려가야만 한다. 만날 친구도 여긴 없다. 남편에게 자는 아이 둘을 맡기고 나가고 싶어도 나갈 데가 없었다. 아쉬운 마음에 조명 하나 없는 마당을 서성거렸다. 그것마저 무서워서 오래지 않아 집으로 들어오기 일쑤였다.

아이를 재워두고 거실에서 할 수 있는 나만을 위한 일을 떠올려보았다. 그다지 떠오르는 게 없다. 게다가 그동안 매일 같이 최대한의 에너지를 끌어 썼으니 달리 무엇을 할 힘도 없다.

'휴식이나 하자.' 누워서 TV를 봤다. 그러다가 밤이 더 야심해지면 냉장고에 고이 간직해 둔 맥주와 안주를 꺼내왔다. 남편과 앉아 맥주를 마셨다. 이제까지 시달리다 겨우 재워둔 아이들의 이야기를 하면서.

신혼 생활을 하면서도 야식은 되도록 먹지 않고 지냈다. 신혼 생활에 심취한 나머지 밤마다 먹은 야식과 술로 살이 찌는 주변 지인들을 여럿 보면서 특별한 일이 없고서야 야식은 먹지 말자고 다짐했다. 3년을 그렇게 살았는데 아이를 낳고 나선 냉장고에 술이 끊이지 않았다. 맥주 한 잔 없인 하루를 마무리 지을 수 없었다. 벌컥벌컥 맥주를 마시고선 '캬!' 하고 소리 한 번 질러줘야 낮 동안 쌓인 피로가 풀리는 것만 같았다.

겨우 맥주 한 잔과 TV 보기가 '내 시간'의 전부였지만 그 당시 나에겐 하루도 빼먹으면 안 되는 중요한 일과였다. 아이들이 잠을 잘 때 같이 잠들면 그게 그렇게나 억울했다. 어떻게 얻은 자유시간인데!

굳이 할 일은 없었지만 늦은 새벽까지 잠을 자지 않았다. 당연한 말이겠지만 다음 날 아침 기상이 힘들었다. 그런데도 일찍 잔 적이 없었다. 그렇게 수개월을 맥주와 TV로 밤을 지새웠다.

아이들이 24개월이 된 지금은 맥주를 마시고 TV를 보며 휴식을 취하는 대신 '좋아하는' 다른 일을 하며 나만의 시간을 보낸다. 맥주를 마시며 쉬는 것만큼 좋아진 책읽기와 글쓰기가 바로 그것이다.

아이들을 일찌감치 재워두고 어느 정도 뒷마무리를 한 후에 식탁에 앉아 읽고 쓰며 남은 저녁 시간을 보낸다. 좋아하는 맥주는 가끔 마신다. 사랑하고 싶은 일이 생기고 나니 좋아하는 것을 매일같이 하지 않아도 충분했다. 당장 밤마다 맥주 마시는 것을 그만두고 책을 읽으라고 이야기하는 것은 아니다. 맥주와 TV랑 보낸 수개월 역시 나에겐 충분히 의미 있는 시간이었다. 물론 그러한 시간이 오랜 기간 지속하였다면 불어나는 뱃살과 쌓여가는 지방간으로 뒤늦은 후회를 했을 수도 있었겠지만! 그 시간이 의미 있는 시간이었던 이유는 단 하나다. 위안과 위로, 격려와 휴식의 시간이었기 때문이다.

매일 같이 나에게 이야기했다.

'오늘도 정말 수고했어.' '대단해.' '내일도 웃으면서 보내자.'

낮 동안은 아이를 향해 있던 정성과 마음을 아이가 잠이 든 후엔 나에게 쏟아냈다. '투닥투닥' 힘든 하루를 보낸 내게 '토닥토닥' 잘했다고 이야기해 주었다. 그렇게 한참을 토닥이면 어느새 내일을 활기차게 보낼 힘이 솟아나곤 했다.

아직 내가 없으면 그 무엇도 할 수 없는 아이를 두고 원하는 만큼의 '내 시간'을 갖긴 힘들다. 하고 싶은 모든 일을 하며 살 수도 없다. 아직은 그럴 수 없다. 하지만 분명한 건 내 모든 정성과 시간을 아이에게 쏟아 부어야 할 시기 역시 정해져 있다는 것. 결국 시간은 흐르고 아이는 크니깐.

무엇을 하든 아이가 잠들고 난 그 시간, 본인과 타인을 해치지 않는 선에서 자신만의 시간을 가지면 좋겠다. 맥주를 앞에 두든, 책을 펼쳐놓든, 노트북을 켜고 온갖 글을 써 내려가든 무얼 해도 괜찮지 않을까. 그저 오늘 하루도 수고했다고 나를 진심으로 토닥여 주는 것이다.

아이가 잠이 든 이후 해야 할 아주 중요한 '엄마의 일'이 바로 그것이다. 내 아이를 지켜내는 이 일은 그 누구도 아닌 나밖에 할 수 없는 일이라고, 그래서 더없이 대단하다고 자신을 격하게 칭찬해 주자.

아이가 깨기 전까지는 오롯이 나를 위해 시간을 쏟아 붓자. 고된 육아로 거칠어진 내 마음을 정성껏 끌어안아 주자. 그렇게 충만해진 마음은 또다시 힘든 육아를 해낼 힘이 되어줄 것이 분명하니까.

나의 모든 것을 내어주어야 하는 육아를 하면서도 괜찮을 수 있는, 아니 오히려 더 행복해질 수 있는 힘은, 나를 충분히 다독여 주는 것에서부터 시작되는 것 같다.

# 함께 살아간다는 것

나는 주부다. 고로 주 업무는 집안일이다. 종종 잡지 촬영장을 방불케 하는 인테리어와 어린아이가 있다는 사실이 믿기지 않을 만큼 각 잡힌 정리 정돈으로 번듯한 모습을 연출한 다른 집 사진을 SNS로 볼 때면 같은 엄마라는 사실에 자괴감이 들 때도 있지만 나 역시 내가 할 수 있는 최선을 다해 우리 집을 돌보고 있다. 처음엔 그들처럼 나 역시 예쁜 집을 만들 수 있을 거라 생각했다. 하지만 아이를 낳고 얼마 지나지 않아 깨달았다. 그건 내 능력 밖의 일이라는 걸. 그 후로 내게 집을 돌본다는 건 최선을 다해 마음을 내려놓는 것이 되었다.

'예쁘고 아름다운 집에 대한 환상을 포기하고 현실을 받아들이는 것.'

'예쁜 쓰레기'라고 불리는 각종 실내장식 용품을 좋아했다. 신혼 시절, 벽엔 벽 선반, 방엔 수납장을 두고 계절마다 인테리어 용품을 바꿔 가며 혼자 만족하는 생활을 하곤 했었다. 인테리어의 세계가 이렇게나 방대한지 결혼을 하고 나서 처음 알았다. 봐도 봐도 샘물처럼 솟아나는 다양한 인테리어 용품에 눈과 손은 바빴다. 예쁘게 꾸며진 집 사진을 보며 나도 저렇게 해 놓고 살아야지! 그런 마음으로 신혼집을 꾸몄다. 사고 또 샀다. 집에 물건이 하나, 둘 들이찼다. 둘이 사는 살림인지라 무얼 들여도 괜찮았다. 나의 집은 모든 걸 소화해냈다.

친정집에 살 때는 그렇게 하기 싫던 방 청소가 결혼하고 난 후엔 왜 이렇게 즐거운지. 옷 정리, 서랍장 정리, 가구 재배치……. 인테리어와 관련된 모든 일이 재미있었다.

'이 액자를 여기 선반에 올려둘까? 아니면 저기 벽에 걸까?'

언제까지나 그렇게 살 수 있을 줄 알았다. 비싼 인테리어 용품을 들일 때마다 생각했다.

'평생 쓸 거야!'

아이 두 명이 동시에 태어났다. 신생아를 키우면서도 '예쁜 쓰레기'는 포기할 수 없었다. 아니, 포기해야 할 이유가 없다. 그 시절 두 아이는 손도 꼼짝하지 못한 채 누워 있기만 했다. 신생아가 내 물건을 만질 일은 전혀 없다. 아이를 키우면서도 그럴싸한 모양새를 갖추며 살았다. '크게 달라질 것도 없네!' 아이를 키워본 적이 없으니 이 두 녀석이 무슨 짓을 하고 다닐지 그 당시 나로서는 예측 불가능이었다. 게다가 SNS를 보면서 나도 그들처럼 살 수 있을 거란 생각을 했다. 온통 화이트로 된 집 안에 세련된 가구, 유행에 뒤처지지 않는 소품 그리고 언제나 말끔히 청소된 상태로. 아이가 둘이나 있지만 아무런 문제가 되지 않는다는 듯 자신감 넘치는 태도로.

가구 재배치는 유치원 교사로 근무하던 시절부터 좋아했다. 가구를 재배치

할 때마다 나오는 묵은 먼지를 닦아 내는 일에 쾌감을 느꼈다. 게다가 가구만 재배치했을 뿐인데 새 교실에 온 것 같아 기분전환이 되었다. 그래서 종종 가구의 위치를 옮겼다.

그 습관은 신혼 시절에도 이어졌다. 아니, 신혼 땐 더했다. 그 작은 신혼집에서 옮길 게 뭐가 있다고 하루가 멀다 하고 요리조리 가구의 위치를 바꾸었다. 침대 위치까지 옮겨놓은 나를 보며 남편은 '이삿짐센터에 취직해도 되겠다.'라며 혀를 내둘렀다.

유치원에 근무할 때는 직장인의 스트레스를 가구 옮기는 일로 풀었고, 신혼 생활을 하면서는 예쁜 집에 대한 환상에 가득 차서 내 모든 힘을 그 즐거움에 쏟아부었다. 처음으로 온전히 내 것이 된 공간에 대한 애정은 살뜰했다. 아이를 낳고 나서도 종종 가구 재배치를 했다. 물론 그때의 재배치는 기분 전환이나 인테리어와는 관계가 없다. 예전처럼 힘이 남아도는 것도 아니었지만 옮겨야만 했다. 오직 아이의 안전과 편리한 생활을 위하여. 아이가 태어나고 자라면서 인테리어에 대한 욕망의 에너지는 자연스레 사그라들었다. 그 대신 전에 없던 엄마 노릇을 위해 에너지의 대부분이 쓰였다.

그래도 아이가 스스로 몸을 움직일 수 있는 직전까진 인테리어 용품을 기분에 맞게 바꿔 가면서 살았다. 잘 움직이지 못해 행동반경이 좁았던 터라 문제될 것이 전혀 없었다. 하지만 아이들이 기기 시작하고 나서 이야기는 달라졌다. 예쁜 쓰레기들은 서랍 구석에 처박혔다. 기어 다니며 뭐든지 물고 빨기 시작한 아이에게 '예쁜 쓰레기'는 위험하고 쓸모없는, 말 그대로 '쓰레기'가 되어 버렸다. 그렇게 하나 둘 치웠다. 그러다 보니 집엔 생활에 필요한 물건만 남게 되었다. 그렇게 예쁜 인테리어에 대한 내 마음도 자연히 사라졌다.

어제 가만히 있다가 문득 현관 앞에 있는 책장을 거실로 끌고 와야겠다고 생각했다. 순전히 엄마의 계산으로. 거실에 책장이 있으면 아이들이 책과 마주할 일이 훨씬 더 많을 것 같았다. 책장을 거실로 끌고 왔더니 현관 앞 복도에 빈 공간이 생겼다. 아이를 생각한다면 그 복도는 비어있는 게 훨씬 효율적이지만 빈 공간을 보고 있자니, 자꾸만 마음이 꿈틀거린다. 사라진 줄 알았던 예쁨에 대한 욕구로.

'화분 하나쯤은 있어도 괜찮겠지! 이젠 아이들이 말도 잘 알아들으니 흙을 퍼내지 않을 거야. 식물이 있으면 공기정화도 되고!'

합리화를 위한 온갖 핑계를 댄 후 화분을 들여놓았다. 작년 내 생일을 기념하며 남편이 사준 화분이다. 한동안 빛이 가장 잘 드는 곳에 놓고 소중히 살폈던 화분. 아이들이 일어설 수 있게 되면서 화분은 무사하지 못했다. 나의 예쁨을 한 몸에 받았던 화분이 골칫덩이가 되었다. 순전히 아이들 때문이다. 흙을 퍼내 바닥에 뿌리는 것도 기가 막힌 데 퍼먹고 있으니 환장할 노릇 아닌가. 수개월이 넘는 시간 동안 현관으로 좌천당한 그 화분을 다시 집안으로 넣었다. '24개월쯤 되었으니 이젠 좀 가만히 두지 않을까?' 싶은 기대를 가득 안고.

설거지하는데 둘이 깔깔 웃으며 놀고 있는 소리가 들렸다. 그런데 어쩐지 등골이 서늘하다. 너무 잘 놀고 있어도 무섭다. 끼고 있던 고무장갑을 던지고 후다닥 아이들이 있는 곳으로 가보았다.  아니나 다를까. 흙이 온 사방 뿌려져 있다. 포클레인 장난감으로 화분 속흙을 퍼내고 있다. 게다가 흙을 밟고 방을 왔다 갔다 한 나머지 방까지 흙투성이가 되어 있다.

'아, 빌어먹을.'

이를 꽉 깨물고 웃으면서 이야기했다.

"그만해~ 이렇게 하면 나무가 아야 해."

엄마가 뭐라고 하든 말든 아이들은 즐겁기만 하다.

"고만 좀 해!"

결국 큰소리가 나야 멈추지. 생각 같아선 꿀밤이라도 한 대씩 때리고 싶었지만 그건 생각만으로 그쳤다. 그래도 좀 컸다고 흙은 퍼먹고 있진 않았네. 그걸 위안으로 삼아야 하는 건가. 뒷목을 잡으며 청소기를 가지러 갔다.

'왜 화분을 들여놔서는 혼자 열 받고 난리인지……. 내 탓이다. 내 탓이야.'

아직까진 본능에 충실한 아이들과 함께 살기 위해서는 일찌감치 내려놔야 하는 것들이 있다. 24시간 깨끗한 집이 하나고, 이러한 것들이 또 하나다. 화분이 있으면 분위기가 화사해지고 보기엔 좋지만 결국 내가 화가 난다.

내가 화가 나든지, 아이들이 다치든지 둘 중 하나로 끝나는 것들은 그냥 깨끗하게 포기하자고 다시 한번 다짐했다. 화분도 나도 아이들도 모두 함께 공존하면 더없이 좋으련만. 그렇게 되기까진 아직 시간이 더 필요한 것 같다.

이미 그런 식으로 좌천당한 수많은 나의 물건들이 생각난다. 애통하긴 하지만 어쩌겠는가. 엄마가 되니 사소한 것까지도 내 마음대로 할 수 없다. 함께 살아가는 구성원이 늘었다는 게 이런 뜻인가 보다.

함께 살기 위해서는 서로 양보하고, 참고, 배려해야 한다. 그런데 나만 양보하고, 나만 배려하고, 나만 참는 것 같은 기분이 드는 건 정말 기분 탓일까. 어쩐지 씁쓸해진다. 하지만 두 아들 덕분에 그 어느 시절보다 웃음도 행복도 기쁨도 늘었지 않는가.

'그래! 이것도 한순간이지!'

웃고 만다. 그것 밖에 할 수 있는 일이 없기도 하고.

사람은 변하지 않는다고 하는데 아이를 낳고 나니 꼭 그런 것 같지도 않다는 생각이 든다. 사람은, 엄마는 천천히 변한다. 아이와 긴 시간을 함께 살아가기 위해, 성공적인 공존을 위해.

나만 생각하고 살았던 시절이 있다. 세상의 중심에 내가 있어야 직성이 풀리는 시절이 있었다. '함께' 보단 '나' 가 우선이었던 시절이 있었다.

어쩌면 내 인생에 불현듯 찾아와준 이 두 아이는 '함께'의 진정한 의미를 알려주기 위해  온 걸지도 모르겠다. 남들 보다 두 배는 더 많이 배워야 해서 두 명이 동시에 온 건가 싶은 생각이 가끔은 들기도 하고.

'척'이 아니라 '진심'으로 나의 무언가를 상대를 위해 내어주고, 또 양보하며, 때로는 포기할 수 있어야만 '함께'의 의미가 짙어진다. 진정한 '함께'가 된다.

타인에 대한 품 넓은 시선은 그렇게 생겨난다.

아이들 덕에 배우는 것이 많다. 엄마 노릇에 필요한 기술적인 부분뿐만 아니라 삶을 살아가는데 알아야 할 인간살이 방법까지.

# 우리 눈 좀 보고 살아요

아이에게 삼시 세끼 밥을 지어 먹여 본 사람이라면 한 번쯤 느끼지 않았을까. 요리 서바이벌 쇼에 출연한 것도 아닌데 심사위원의 심사만 기다리는 참가자와 같은 심정을. 아이가 밥 한 숟가락 받아먹고 그다음 숟가락을 거부하지 않을 때 결승전에 진출한 것 같은 그 기분을.

'아! 오늘은 먹을 건가 보네.'

'아구아구, 잘 먹네.'

내 입가엔 미소가 떠나질 않는다.

아이에게 밥을 먹이는 게 힘든 일이라는 걸 엄마가 되고 나서 처음 알았다. 제3자의 눈에 '먹이는 일'은 단순하고 쉬워보였다. 먹여주기만 하면 되니깐. 힘들어 보이지 않았다. 아이가 밥을 먹지 않아 힘들다고 말하는 지인의 이야기를 들으면 '안 먹겠다고 하면 먹이지 않으면 되잖아? 왜 굳이 마음을 쓸까. 배고프면 알아서 먹을 텐데.' 단순하게 생각했다.

그동안 해왔던 말은 그야말로 '제3자'이기 때문에 할 수 있는 '막말'이었다. 엄마가 되고 난 후에야 '아이 밥'에 온 신경을 곤두세웠던 친구가 비로소 이해가 되었다. 밥을 차려내는 것도, 밥을 먹이는 것도, 안 먹는다는 걸 구슬리는 것도 어느 하나 쉬운 일이 없다.

밥을 차려내느라 몸이 힘든 건 그나마 참을 만하다. 아이가 밥을 먹지 않고 거부하는 것, 그것만큼 견디기 힘든 일은 없다. 밥을 먹어야 크는데, 안 먹겠다고 입을 앙다물고 고개를 연신 내 젓는 아이 때문에 속은 매일같이 끓어 넘쳤다. 그야말로 환장 대잔치. 그쯤 되면 밥 잘 먹는 아이들이 그렇게나 부러울 수가 없다. 오물오물 연신 밥을 받아먹는 아이를 한참 쳐다보게 된다. 밥 잘 먹는 아이로 만든 그 엄마의 비법이 궁금해 SNS 든 블로그 든 기웃거리기 일쑤다.

우리 아이들은 10개월부터 이유식을 거부했다. 좋다는 건 다 넣고 만들어 놨는데 먹지 않을 때마다 울화통이 터졌다. 그 예쁜 아이를 한 대 쥐어박고 싶은 욕구가 활활 솟구쳤다. 그러다 이내 배가 곯아 크지 않을까 노심초사했다. 그럴 때가 있다는 주변 지인의 말이 귀에 들어오지 않는다. 내 애만 안 먹는 것 같다. 키즈 카페를 가든 문화센터를 가든 아이들의 키만 살폈다. 아니나 다를까 역시나 내 애가 제일 작은 것 같다.

애가 닳고 닳아 있었다. 밥이 뭐라고. 몇 숟갈 겨우 먹이고 식사를 정리하는 동시에 그다음 식사가 상상돼 한숨이 나왔다. 흐르는 시간이 야속하기만 했다. '돌아서면 밥때'라고 앓는 소리를 하던 엄마가 떠올랐다. 그렇게 또 시작된 식사시간은 역시 순탄치 않다. 아이들은 입을 굳게 닫고 숟가락을 피해 고개를 돌리기 바빴고 내 마음은 또다시 닳기 시작했다.

밥 때마다 반복된다. 물개 손뼉을 쳤다가 연극배우 뺨치는 연기력으로 구슬려도 봤다가, 한 번만 먹어주십사 구걸했다가, 째려봤다가, '먹지 마! 먹지 마!'

를 외치기까지. 무한 반복이다. 밥 때문에 힘이 쭉 빠진 채로 있는 나를 볼 때마다 남편은 태평하게 이야기했다.

"너무 애쓰지 마! 그거 좀 안 먹는다고 걔가 어떻게 되냐?"

'아, 우라질!'

나를 걱정해 준답시고 한마디씩 거드는 남편이 그렇게나 야속했다.

두 돌이 된 지금, 아이들은 밥을 그럭저럭 잘 먹고 있다. 밥을 다시 잘 먹게 된 비법 같은 건 없다. 매일 밥을 차려주고 애닳았다가 치우기를 반복했을 뿐이다. 밥을 잘 먹는 방법에 대해 그렇게 많은 검색을 했는데도 불구하고 결국엔 '시간이 답' 이 된 것 같아 허무하기까지 하다. 밥을 잘 받아먹는 어느 집 아이를 쳐다보며 부러워했던 숱한 시간은 그렇게 흔적도 없이 사라졌다. 이렇게 잘 먹게 될 줄 알았더라면 남의 집 아이를 쳐다보며 부러워하는 일 같은 건 하지 않았을 텐데……. 그때 닳았던 내 '애'가 요즘 들어 회복되는 중이다.

얼마 전에 우연히 유명한 아동 발달전문가의 동영상을 보게 되었다. '어린 아이에게 동화책을 읽어주는 방법'이 강의 주제였다. 그 당시 '책 육아'에 관심이 많았던 나의 시선을 붙잡을 만한 제목이었다. 책 육아를 한답시고 동화책을 열심히 읽어주기도 했고 책과 가깝게 지내는 환경을 만들어 주기 위해 책장도 이리 저리 옮겨보기도 했다. 책을 읽는 엄마의 모습이 가장 좋다는 말에 힘입어 더 열심히 아이들 앞에서 독서도 했다. 그럼에도불구하고 책과는 거리가 멀어 보이는 두 아들을 보며 답답한 마음이 들곤 했다. 아직 어린 두 아들에게 책 육아는 욕심일 뿐이라는 합리화로 어지러운 마음을 진정시켰다.

하지만 나의 다짐은 며칠을 채 가지 못했다. 책을 많이 읽는 '다른 집 아이'를 볼 때면 내가 뭔가 못 해준 게 있어서 그런가 싶은 마음이 들곤 했다. 책을 좋아하고 잘 읽는 아이 곁엔 무척 야무지고 뭔가 달라 보이는 아이의 엄마가 있다. 나와는 다른 포스와 기술을 가진 아이 엄마를 볼 때면 역시 내가 부족해서 우리 아이들이 책을 잘 읽지 않는구나! 싶은 마음이 스멀스멀 올라왔다. 나만 잘하면 책 육아가 가능한 건가 싶어 또다시 애닳기 시작했다.

책 잘 읽는 아이를 둔 엄마는 어떤 책을 사는 걸까. 인기 도서 목록을 알음알음 주워들어 책 한 질을 넣어준다. 새 책을 들이 밀어보지만, 책보단 다른 것에 훨씬 더 열중인 아이를 볼 때면 힘이 쭉 빠진다. '에라, 몰라. 그냥 됐어 놀아.' 그러면서도 또 다른 방법이 있지 않을까 싶어 책 잘 읽는 아이를 둔 엄마의 주변을 기웃거렸다. 수시로 애가 닳고 있던 나에게 아동 발달전문가의 솔루션은 심장에 훅 파고들었다.

'너무 애 닳지 마세요. 그거 한 권 안 읽어준다고 애 인생이 달라지지 않아요.'

그 순간 찾아온 내 마음의 평화.

인간은 참으로 간사한 것이 남편이 말할 땐 듣기 싫었는데, 전문가의 한마디엔 마음의 평화가 찾아왔다.

책을 읽어주는 것도 좋지만 그보다 더 중요한 건 아이와 눈을 맞추고 마음을 나누며 이야기 하는 시간이라고 했다. 둘 사이에 책이 없어도 눈빛과 온기와 미소를 나눈다면 그 시간은 아주 뜻 깊을 것이라고. 엄마가 들려주는 소소한 이야기에서도 아이의 상상력은 자라난다고.  그러면서 이야기한다. 실수해도, 남들만큼 다 해주지 못해도 괜찮다고.

대부분 엄마는 아이에게 잘해줄 때가 훨씬 더 많다고. 못 해 준 것, 못하는 것만 생각하느냐고 마음이 힘들어진 거라고. 잘 키우려고 하다 보니 마음에 여유가 없어진다고…….

꼭 나에게 하는 말처럼 들렸다. '다른 아이처럼 앉아서 책 한 권 읽어보지.' '재미있는데 왜 쳐다보지도 않는 거지?' '내 애만 책에 관심이 없는 것 같아.' 혼자 마음이 상하곤 했다. 그렇게까지 애 닳으며 발을 동동 구를 필요가 없다는 그녀의 말에 마음이 훅하고 내려앉은 건 그렇게까지 하지 않아도 이미 잘하고 있으니 걱정하지 말라는 말처럼 들렸기 때문이다. 자신의 아이에겐 그 누구보다 잘하고 있지 않으냐는 그녀의 말이 따스한 위로가 되었다.

사실 '애' 한번 안 닳고 아이를 키우는 부모는 없다. 우리는 종종, 때로는 자주 애가 닳는다. 애 닳는 것 자체가 문제가 되는 건 아니라고 생각한다. 그 마음 닳음 때문에 조금 더 나은 엄마가 되기도 하니깐. 단지 그것이 자책이 되어 자신을 어둡고 깊은 저 바닥 어딘가로 보내지 말자는 것이다. 내 애가 닳고 있다는 게 느껴질 때마다 아이에게, 나에게 '더 진하고 따스한 눈길'이 필요한 것이라 생각하기로 했다.

'지금 그렇게 자책하지 않아도 괜찮아. 얼마든지 잘하고 있어. 내 아이를 이 세상에서 가장 잘 키울 수 있는 사람은 오직 나뿐이잖아. 아이에게도 시간을 내주자. 받아들일 수 있는 시간, 적응할 수 있는 시간, 해낼 수 있는 시간.'

밥을 잘 먹이지 못한다고, 책을 남들보다 덜 읽어준다고 자책하고 있지 않아도 된다. 아이는 천천히 깨닫고 있다. 따스한 눈빛으로 자신의 모든 걸 품어주는 엄마의 사랑을.

다른 아이와 엄마를 보며 자신의 부족한 부분을 찾아내느라 눈 돌리고 있는 본인만 모른다. 이미 그 누구보다 내 아이에게 최선을 다해 잘 해주고 있다는 것을. 내 아이에게 최고는 바로 본인이라는 것을.

그러니 그만 바라보자. 다른 아이와 엄마는 그만 보는 거다. 그리고 바라보자. 내 아이의 눈을. 이미 열심히 크고 있는 내 아이와 그보다 더 열심히 자라고 있는 나 자신을 따뜻하게 들여다봐 주자. 마음이 닳을 때마다, 다른 아이와 부모가 부러워지려고 할 때마다 말해 주는 거다.

"이미 충분히 잘 하고 있어."

# 몇 해 전 오늘

"2년 전 어제는 엄마가 햄버거를 먹고 병원에 간 날이야."

아빠가 무슨 소리를 하는지 알 리 없는 쌍둥이 두 아들은 붕붕카만 신나게 탄다. 2년 전 어제는 아이를 낳기 딱 하루 전날이었다. 쌍둥이 출산이라 처음부터 제왕절개를 하기로 했기 때문에 아이들이 태어날 날짜가 정확히 정해져 있었다. 출산 하루 전날 입원을 하라는 병원 측의 요청에 16일 저녁 남편의 손을 잡고 집을 나섰다.

담담하기도, 또 복잡하기도 했던 것 같다. 곧 있으면 아이가 태어난다는 것이 실감나지 않았다. 보통의 경우라면 이미 아이를 낳았어야 했을 듯 보이는, 유달리 큰 배만 곧 출산임을 알려주었다. 누군가가 툭 치면 펑 하고 터질 것 같이 부른 배를 들고 간 곳은 병원이 아니라 햄버거 가게였다. 입원하기 전 마지막 만찬을 한 번 더 즐기기 위해 저녁을 먹었음에도 그곳을 들렀다.

임신해 있는 동안 인스턴트 음식을 많이 자제했다. 하지만 이제 당장 몇 시간 뒤면 아이들이 태어난다.

"참을 만큼 참았으니 이젠 됐어! 내일이면 애들이 태어나는데 이깟 햄버거 하나 못 먹으면 되겠어? 먹어. 먹어."

남편은 햄버거가 먹고 싶다는 내 말에 햄버거 가게로 목적지를 돌렸다. 평소 같았으면 늘 먹던 버거를 먹었을 테지만 그날은 무척이나 특별한 날. 거기에서 제일 비싼 버거를 시켰다. 그래야만 할 것 같았다.

햄버거를 앞에 두고 이런저런 이야기를 나눴다. 과배란 주사 때문에 임신 초기에 복수가 차서 한참을 고생했던 이야기, 쌍둥이인 걸 처음으로 알게 된 날 너무 놀라 말이 턱 하고 막힌 우리 두 사람의 복잡했던 심경에 대한 이야기, 쌍둥이임을 어느 정도 받아들이고 난 후 알게 된 두 아이의 성별에 또 한 번 놀랐던 이야기, 이제 곧 태어날 아기에 관한 기대와 두 아이를 길러야 하는 두려움에 관한 이야기, 태어나서 처음으로 겪는 수술에 관한 이야기, 그리고 곧 부모가 될 우리의 미래에 관한 이야기 등.

복잡했던 심경만큼 많은 이야기를 나누며 우걱우걱 햄버거를 먹었던 기억이 난다. 아직도 그날이 어제와 같이 생생한데, 벌써 2년이나 흘렀다. 딱 팔뚝만 한 아이를 안은 게 엊그제 같은데 이젠 한쪽 팔로 들어 올리기 조차 힘들 만큼 두 아이는 많이 자랐다. 작년에도 그랬지만 아이의 생일날엔 두 아이를 낳기 위해 겪었던 숱한 일이 떠오른다. 참 많이 힘들었던 것 같은데 그러한 기억은 어느새 옅어졌다. 내 앞에 두 아이가 아홉 달을 좁은 배 속에 있었다는 게 그저 신기하기만 하다. 그리고 아무런 문제 없이 건강하게 태어나 준 것에 무척 감사했다.

두 돌밖에 되지 않은 아이들은 아직 생일에 대한 개념이 없다. 당연히 오늘, 자신들의 생일이라는 것도 모르는 것 같다. 어제까지만 해도 이번 생일까지는 은근슬쩍 그냥 넘어갈까 생각했다. 아무것도 기억하지 못할 게 분명하니 해도 그만, 안 해도 그만이지 않을까. 괜히 자기 합리화를 시키고 있었다. 생일파티를 하는 내내 가만히 앉아 있지 않을 두 아들의 모습이 상상됐고, 그런 두 아이를 감당하느라 더욱 힘들어질 나의 모습이 어렴풋이 떠올라 생일잔치를 '생략'하고 싶었다. 그런 내 마음이 굳혀져 갈 때쯤 어떻게 아셨는지 친정엄마에게 전화가 걸려왔다.

"내일 애들 생일이니 꼭 미역국은 끓여줘라. 수수 팥떡도 한 되 맞추고. 그래야 사고 없이 건강하게 지낼 수 있다."

그냥 넘어가려 했는데 들켜버렸다. 할까 말까 고민하고 있던 차에 걸려온 친정엄마의 전화에 뜨끔했다. 몇 번이나 애들 미역국을 끓여 주라는 말을 하고 전화를 끊은 친정엄마의 말이 마음에 걸렸다. 생일상을 차려야겠다는 생각이 들었다. 급하게 국거리용 소고기를 사와 미역국을 끓였다. 내일 아침 일찍 받아 올 수수 팥떡도 주문했다.

막상 생일날 아침이 되니 생일상을 준비하길 잘했다는 생각이 들었다. 그냥 넘어갔으면 어쩐지 내가 더 섭섭했을지도 모르겠다. 평소와 똑같은 상차림에 미역국과 떡을 올렸다. 특별히 아침부터 계란말이도 했다. 생일상이라고 하기엔 너무나 소박하지만 있을 건 다 있으니 됐다. 아이들에게 미역국을 내어주며 "생일 축하해." 했다. 그러자 "네~"하고 대답을 한다. 무슨 말인지 알고서 하는 대답인지. 피식 웃음이 터졌다. 그렇게 아이들의 두 번째 생일을 축하해 주었다.

아이들의 생일이 있기 딱 일주일 전 친정엄마의 생일이었다. 엄마의 생일을 축하하기 위해 오랜만에 친정집에 갔다. 아이를 낳기 전엔 자주 놀러 갔었는데 막상 아이가 태어나니, 그것도 둘이나 생기니 어디를 다니기가 참 힘들어졌다. 그 때문에 친정집을 방문하는 횟수 역시 눈에 띄게 줄었다. 특별히 무슨 일이 있지 않고서야 잘 가지 않게 되었다. 내가 힘들어서.

엄마의 생일을 축하하기 위해 두 아이와 함께 부산으로 갔다. 돈 봉투 말곤 딱히 준비한 건 없었다. 어차피 밥은 나가서 사 먹을 거고, 늘 그랬듯 미역국은 엄마가 직접 끓여 뒀을 거로 생각했다.

현관문을 열고 친정집으로 들어서는데 당연히 날 줄 알았던 미역국 냄새가 나질 않았다. 가족 중 누구든 생일날이 되면 집안 가득 미역국 냄새가 퍼졌었다. 생일날이면 다른 건 하지 않아도 미역국만은 늘 끓여져 있었다. 하지만 이번엔 미역국 냄새가 나질 않았다.

"미역국이 없네?"

"먹을 사람도 없는데 뭐."

언제나 그랬듯 이번 엄마의 생일에도 엄마가 직접 미역국은 끓여 뒀겠지 생각했다. 그런데 주방 가스레인지 위에 큰 솥이 없다. 말은 하지 않았지만, 미역국이 없는 생일날이 이상하게 느껴졌다.

비가 왔다. 그렇지 않아도 두 아이 때문에 갈 수 있는 곳이 제한적인데 비까지 오니 참으로 난감하다. 공원이라도 가서 바람도 쐬고 드라이브도 하면 좋을 텐데. 비가 오는 날엔 집에 있는 게 최고지만 오늘만큼은 그럴 수 없다. 비를 피해 놀 수 있는 곳을 궁리했다. 아울렛 매장에 가기로 했다. 쇼핑도 하고 밥도 사 먹을 수 있으니 그만한 곳이 없을 것 같다는 생각이 들었다.

아이 둘은 아빠와 남편이 키즈 카페에서 보고 있기로 했다. 그 사이에 엄마와 동생과 나는 아울렛 매장을 둘러보았다. 딱 두 시간이 우리에게 허락된 시간이었다. 빠른 발걸음으로 쇼핑 길에 나섰다. 신발을 사고 싶다고 말했던 엄마와 여러 매장을 돌았다. 그런데 오늘따라 살 만한 것이 없다. 시간은 흘러가는데 그렇다 할 물건을 찾지 못했다. 약속했던 시간이 다 되었다. 결국, 만족할 만한 무언가를 사지 못한 채 부랴부랴 그들이 있는 곳으로 돌아갔다.

스파게티를 먹자는 엄마의 요청에 패밀리 레스토랑에 가서 저녁 식사를 했다. 아이들 때문에 식사시간 역시 정신이 없다. 식당은 너무 조용했고 우리 아이들은 소란스러웠다. 그 탓에 준비해 온 케이크도 불지 못했다. 돈 봉투만 엄마 손에 쥐여 드리곤 집으로 돌아왔다. 그렇게 엄마의 생일이 일주일 지난 오늘이 아이들의 생일이다. 아이들의 미역국을 끓이는데 지난주 어딘가 허전하고 아쉬웠던 엄마의 생일이 기억났다. 미역국이 없었던 엄마의 생일이 마음에 걸린다. 미역국의 간을 보는 데 괜히 맛이 쓰다.

엄마가 되기 전엔 내가 우선이었고 엄마가 되고 나선 아이들이 우선이 되었다. 내 우선순위엔 부모님은 항상 뒷전이었다. 아무런 생각 없이 살다가 한 번씩 이러한 일로 이 같은 사실이 드러날 때면 괜히 내 속내가 들킨 것 같아 온종일 마음 한구석이 불편하다. 부모가 되어보니 부모님의 마음을 조금 더 잘 알 수 있게 된 것이다. 그게 때때로 나를 괴롭힌다. 그 괴로움의 진짜 뜻은 있을 때 잘하라는 신호일 테지. 알면서도 행동으로 실천하기가 힘들기만 하다.

내 아이에게 하는 반의반만이라도 부모님에게 하면 될 텐데. 그럴 때마다 '사랑은 원래 내리사랑'이라며 핑계를 댄다. 그러지 말아야지 하면서도 결국 그렇게 된다.

그 옛날, 젊었던 엄마가 외할머니와 통화를 하면서 눈물을 흘렸던 이유를 이제야 조금은 알 것 같다. 아이들의 생일 미역국을 앞에 두고 있자니 괜히 이런저런 생각이 난다. 이년 전 아이들을 낳기 위해 몸부림쳤던 내가 떠오른다. 그리고 그런 나를 낳고 기르느라 몸과 마음이 많이 닳았을 부모님이 생각난다.

# 피는 물보다 진하다

싸운다. 그것도 격렬하게. 누가 보면 전생에 원수였던 것처럼. 서로를 때린다. 툭하면. 지나가다 부딪힌 것에도 그냥 넘어가는 법이 없다. 꼭 쫓아가서 한 대 때려야 한다. 실수로 그런 거라고 옆에서 이야기해 줘도 소용없다.

고래 싸움에 새우 등 터진다고 그런 두 아이를 보면 내 속은 터진다. 터져.여자아이가 둘이었다면 어땠을까. 이 꼴은 안 볼 수 있었을까? 아이들의 과격한 행동에 한숨이 푹푹 난다.

'저것들은 에너지가 닳지도 않나 봐. 징하다. 징해.'

잠이 들기 직전까지 활발하다 못해 과격한 두 아이를 지켜보는 것만으로 내 몸은 이미 녹초다.  자아가 막 발달하고 있는 세 살 아기는 그 자체로 불감당일 때가 많다. 말은 잘하지 못해도 자신이 원하는 것과 그렇지 않은 것은 분명히 구분한다. 마음에 들면 네 손에 있는 것도 '내 것'이 되어야 하는 게 세 살 아기의 세상살이 법칙이다. 세상의 중심엔 언제나 본인이 있어야 하며 세상은 본인 위주로 돌아야 한다. 한 집에 그런 아이가 1명이라면 그 아이를 중심으로 세상까지는 아니더라도 가정은 돌아가게 해 줄 텐데, 우리 집엔 그런 아이가 2명이나 있다. 천상천하 유아독존 같은 행동은 불가하다. 어쩔 수 없다. 억지로 양보하며 산다. 엄마가 무조건 내 편을 들어주지 않는다는 것도 이미 알고 있다. 그래서일까. 아이들의 눈치가 빤해졌다.

자신이 타고 싶은 붕붕카가 한 대밖에 없는 경우 일단 뛰고 본다. 먼저 궁둥이를 붙이는 놈이 승자다. 그럼 나머지 하나는 그 주변에서 놀며 '언제 쟤가 비키나.' 그것만 주시한다. 그러다 친구가 엉덩이를 떼기라도 하면 잽싸게 뛰어가 앉으려고 하지만 붕붕카를 탄 녀석은 그걸 쉽게 허락하지 않는다. 내리려고 하다가도 뛰어오려고 폼 잡는 형제를 보면 다시 앉아서 차를 타는 시늉을 한다. 그렇게 한참 동안 의미 없는 눈치 게임을 둘이서 하고 있다.

뱃속에서부터 항상 함께 있었다. 엄마의 품도 나눠 가져야 했고, 당장 젖을 먹고 싶어도 순서가 오길 기다려야 했다. 장난감은 물론이거니와 작은 과자 한 조각도 반으로 나눠 먹어야 하는 게 쌍둥이의 운명이다. 그런 탓인지 눈치는 점점 늘어갔다. 아무것도 모르는 아기였을 땐 주어지는 대로 받아들였지만 자아가 생기기 시작하고 나서부턴 상황이 달라졌다.

내가 원하는 것을 원하는 때에 갖고 싶어 했고, 혹시라도 양보를 강요받게 되는 경우엔 '내가 왜!'라는 눈빛과 행동을 서슴없이 보였다. 그럴 수 있다. 3살 아기에게, 아직 2년도 채 살지 않은 핏덩이에게 양보를 요구하는 것 자체가 잘못이라는 것도 안다. 엄마로서 그런 건 늘 마음에 쓰인다. 그러면서도 '같이 하는 거야.' 힘주어 이야기하게 된다. 함께 살아가기 위해서는 어쩔 수 없다.

요즘 들어 때리는 행동이 더욱 심해졌다. 지나가다가 실수로 툭 하고 부딪혀도 그냥 넘어가는 법이 없다. 자신도 한 대 때리려고 쫓아간다. 갖고 놀던 장난감을 달라고 하면 밀어버린다. 엄마가 어느 한 명을 꼭 안고 있으면 옆에 와서 매달리기도 한다. 그럴 때마다 '자아가 아주 잘 발달하고 있는 중'이라고 이

악물고 생각한다. 아이들이 자신의 성장 과정에 맞춰 잘 자라고 있다고 여긴다. 그렇지 않으면 하루에도 몇 번씩이나 반복되는 그러한 상황에 화가 나서 견딜 수가 없다.

하지만 늘 알려주었다. 친구를 때리는 건 잘못된 거라고. 맛있는 걸 먹을 땐 친구 것도 챙겨주라고. 둘은 친구이고 또 형제라고. 알아듣지 못한다는 걸 뻔히 알면서도 돌이 지났을 때부터 늘 했던 말이다. 어린 아기한테 요구할만한 것인가 싶다가도 쌍둥이로 평생을 살아가야 하는 게 운명이라면 어느 정도 받아들여야 하지 않을까 싶은 마음이었다. 그런 나의 잔소리가 헛되지 않았다는 생각이 들 때가 있다. '둘을 동시에 낳은 건 역시, 축복이구나.' 생각하며. 뺏고 빼앗기고, 때리고 맞으며 지내는 날만큼이나 다정하고 포근한 둘만의 시간을 갖기도 한다. 그러한 모습을 지켜보는 건 언제나 기쁨이다. 내 가슴에 톡, 향기가 진한 꽃 한 송이가 떨어진다. 온몸에 꽃향기가 퍼진다.

과자를 주면 항상 하나 더 챙겨서 친구에게 가져다준다. 울고 있는 친구의 머리를 톡톡 만져준다. 친구가 제 곁에 있나 없나 습관처럼 둘러보기도 한다. 먼저 일어나 한참을 혼자 놀다가 침실에서 부스럭 소리가 들리면 쏜살같이 달려간다. '아기!' 하면서. 물론 기질 자체가 순한 둘째가 대부분 그런다.

얼마 전 둘째와 장난감 강아지를 사려고 가게를 갔다. 당연히 두 마리를 사야지 생각했다. 주머니에 돈이 얼마 없다는 걸 계산을 하면서 알았다.

"일단 한 마리만 사자."

둘째 아이에게 먼저 장난감을 사주고, 나중에 다시 와서 첫째의 장난감을 사려고 했다. 그런데 아이는 두 마리를 사야 한다고 고집을 부린다. 장난감 강아지 두 개를 품에 꼭 안고선 내어주지 않는다. 꼭 두 마리 다 가져가야 한다고 성화를 부리는 아이를 이길 수 없었다.  멀리 있는 차까지 뛰어갔다오는 수고를 엄마인 내가 하는 수밖에. 첫째를 만나자마자 주저 없이 가서는 장난감 하나를 내어준다. '이거 힘들게 산 장난감이야!'라는 듯 표정이 늠름하다. 고마운지, 첫째 역시 장난감을 받자마자 고개를 까딱한다.

얼마 전 우리 집에 개월 수가 쌍둥이랑 비슷한 친구가 놀러 왔다. 둘째랑 그 아이는 성향이 잘 맞는지 만나자마자 무척 잘 논다. 같이 뛰어다니기도 하고, 수건 하나를 둘이 부여잡고 뱅글뱅글 돌며 뭐가 그렇게 웃긴지 깔깔거리며 웃기도 했다.

첫째와 있을 땐 자주 싸우던 둘째가 그 아이랑 있을 땐 사이좋게 잘 노는 모습을 보며 매일 보는 형제보단 가끔 만나는 친구가 더 좋은가 싶은 생각이 들었다. 하지만 그런 생각을 일순간에 사라지게 만든 사건이 생겼다.

첫째와 그 아이가 냄비 하나를 사이에 두고 벌이는 대치 전. 냄비를 갖고 놀고 있던 첫째는 빼앗기기 싫어서 냄비를 붙잡곤 엉엉 울었고 그 친구는 냄비를 빼앗기 위해 안간힘을 쓰고 있었다. 두 아이의 곁에서 그 모습을 가만히 지켜보던 둘째가 집에 놀러 온 친구에게로 가더니 하지 말라는 듯 밀어버린다.

'세상에……. 금방까지 무척 잘 놀아놓고선.'

그 모습을 지켜보던 나와 친구는 놀란 나머지 일순간 정지. 친구는 밀려 넘어진 아이를 안고선 이야기한다. 이래서 형제인가 보다고. 형제는 형제라고……. 원래 둘째 계획이 있던 친구는 기필코 둘째를 낳아야겠다고 이야기를 하며 집으로 돌아갔다. 곧 그녀에게서 둘째 소식이 들릴 것 같다.

한 친구는 얼마 전에 장례식을 다녀왔다고 했다. 직접 연관은 없었지만, 그 장례식이 어느 때보다 슬펐다고 한다. 얼마 전 낳은 자신의 아이가 자꾸만 떠올랐다고 했다. 나중에, 아주 나중에 혼자서 이 모든 걸 감당해 내야 하는 외동인 자신의 아이가 떠올라 마음이 저렸다고 했다. 삶의 기쁨과 슬픔을 나누어 가질 수 있는 형제를 만들어 주지 못한 것이 때때로 미안해진다고 했다.

나는 둘째를 고민할 틈도 없이 한꺼번에 둘을 낳았다. 조금도 상상하지 않았던 일이다. 쌍둥이 임신 소식을 처음 접했을 때 너무 놀라서 3개월 동안 그 누구에게도 말하지 않았다. 둘을 감당할 수 있을까 걱정이 앞섰다.

'하나라면, 하나였다면'이라는 생각이 종종 들 만큼 쌍둥이 육아는 어려웠다. 시도 때도 없이 같이 우는 아이를 달래며 몇 번이고 했던 생각이었다. 하지만 이내 생각은 바뀐다. '아! 둘이라서 정말, 정말 다행이야.'라고.

조용한 시골 생활이 외롭지 않을 수 있는 이유도, 놀이터 하나 없는 이곳에서 즐겁게 놀 수 있는 이유도, 도시의 밤보다 한층 더 깊고 고요한 시골의 밤이 무섭지 않은 이유도, 둘이기 때문이니깐. 나와 친여동생이 그러했고, 남편과 남동생이 그러했듯 우리 아이들도 크면서 어려운 일이 생기면 서로에게 의지하고 힘을 나눌 수 있는 존재가 되었으면 좋겠다.

오늘 아침, 첫째보다 일찍 일어난 둘째가 거실에서 혼자 노는데 허전하고 심심한지 안방 문을 열어 빼꼼히 고개를 넣는다. '안돼!' 아이의 손을 잡아끌었다. 우리의 인기척에 자고 있던 첫째가 결국 깨 버렸다. 침대에 누워 무어라 종알거리는 첫째 아이의 소리를 듣자마자 둘째가 쏜살같이 침실로 뛰어간다. 손에 쥐고 있던 장난감도 휙 던져버리고. "아기!" 하며.

작고 사소한 문제로 끊임없이 다투어도 괜찮다. 작고 사소한 부분까지 함께 한다는 뜻이기도 하니깐. 존재만으로도 서로를 기쁘고, 행복하게 만들어 줄 때가 훨씬 더 많으니까. 형제라는 이유 하나만으로 도움을 주고, 받으며 살아갈 수 있으니깐. 결국 삶이 조금 더 든든해 질 게 분명하니깐.

피는 물보다 진하다는 그 말. 앞으로 어른이 될 두 아이에게, 때때로 삶의 냉혹함에 주저앉기도 하고 타인의 차가운 시선에 움츠러들기도 할 나의 두 아들에게 든든한 주문이 되어주길. 따스한 위안이 되어주길. 서로에게 그러한 존재가 되어주길 진심으로 바란다.

## 처음은 언제나 특별하다

쌍둥이를 낳고 처음 품에 안았던 순간이 기억난다. 제왕절개로 며칠간 침대에 누워 있었다. 아이는 태어났는데 곧장 품에 안을 수는 없었다. 신생아실까지 가는 내내 허리 한 번 제대로 펴지 못했다. 한 손은 아픈 배, 또 한 손은 남편의 손을 잡은 채 엉금엉금 기어가다시피 하여 아이가 있는 곳으로 갔다. 2.5kg, 2.7kg으로 태어난 나의 쌍둥이를 처음 내 눈으로 보았다.

'신기해라. 이토록 신기한 일이 이 세상에 또 있을까? 내 배에 아기가 둘이나 살고 있었다니.'

아이를 처음 안고선 손을 후들후들 떨었다. 이토록 작고 연약한 것이 또 이 세상에 있을까. 행여나 놓칠까 싶어 온몸에 힘을 잔뜩 준 채 아이를 안았던 기억이 난다. 팔뚝만 했던 아이를 안으며 그저 건강하게 태어나 준 것에 대해 감사했다. 첫 임신과 첫 출산. 처음이라 더욱 특별했다. 뭐라 말로 설명할 수 없는 오묘한 기분을 느낄 수 있었다.

육아하는 내내 숱한 처음을 겪었다. 생각만으로도 가슴이 따스해지는, 온몸이 간질간질해지는, 나의 세포 하나하나에 즐거운 에너지가 송송 스며들었던 아이와 함께 겪은 많은 처음. 아이와 함께 한 시간이 쌓이면 쌓일수록 계속 늘어나는 처음의 경험들. '처음'이 주는 설렘과 놀람 기쁨과 환희. 처음이기 때문에 샘솟는 내 안의 벅찬 감정.

하지만 세상엔 감동적이고 설레는 '처음'만 존재하는 것은 아니다. 육아 역시 모든 순간이, 모든 처음이 황홀하진 않다. 벅차다고 느끼는 순간이 가끔 아니, 종종 찾아온다.

'상상만으로도 기뻐서 벅찬' 이 아니라 '힘에 부쳐 벅찬 느낌'.

아이를 출산한 여자가 겪는 인고의 과정이 있다. 처음이라 형용할 수 없는 감동이 몰려오지만, 그만큼의 인내와 고통이 수반되는 '젖 물리기.' 조리원에서 아이에게 젖을 물리는 방법을 배워야만 했다. 이런 것도 배워야 알 수 있구나 싶었던 기억이 난다. 나의 가슴을 아무렇지 않게 주무르는 그녀의 손길에 잠시 흠칫 놀랐다. 아기에게 빨기는 본능이라지만 모든 아이가 엄마의 젖을 처음부터 잘 빨아주진 않는다. 물려주면 뱉어내고, 빠는가 싶으면 이내 잠이 든다.

첫 모유 수유. 당혹스러웠던 그 순간. 아이와 처음으로 합을 맞추는, 그래서 내겐 아주 의미 있는 순간이었지만 TV에서 보았던 것처럼 아름다운 장면이 연출되진 않았다. 안아주기만 하면 알아서 젖을 먹을 줄 알았는데, 직접 해 보니 쉽지가 않다. 아이가 젖을 먹고 있는 건지, 그냥 물고 있는 건지도 몰라 한참을 고민한다.

'빼? 말아?'

먹다가 졸기를 반복하는 아이를 깨우느라 식은땀이 흐른다. 배부르게 먹은 건지, 아직 젖이 모자란 것인지 아이를 쳐다보며 물어봐도 답이 없다.

'나도 모르겠는데……. 너도 모르겠니?'

며칠이 지나고 나서야 온 힘을 다해 젖을 빨고 있는 아이의 입을 보며 미소 지을 수 있었다. 보들보들한 강아지 털보다 더 보드라운 아이의 머리카락을 만지며 기뻐할 수 있었다. 조그마한 손과 손톱이 귀여워 발을 동동 굴리며 몇 장이나 사진을 찍었는지 모른다. 처음의 그 당혹스러움은 어느새 말로 표현할 수 없는 감동이 되었다. 가르쳐주지 않았는데도 엄마 젖을 쫍쫍 빨고 있는 아이가 무척 기특하고 신기하다. 본능이라고 하지만 내 눈엔 재능처럼 보였다.

'어쩜 이렇게 젖도 잘 빠니!'

처음 뒤집기를 할 때도 그랬다. 언제나 하늘만 쳐다보며 누워 있던 아이가 어느 날인가 온몸을 꽈배기 꼬듯 꼬고 있다. 저러고 있으면 목이 아프겠다 싶을 정도로 몸을 꼬고 있더니 순식간에 몸을 뒤집었다. 이렇게 열심히 자라고 있었다니. 하지만 그땐 미처 알지 못했다. 뒤집기가 몰고 올 후폭풍을.

되집기를 못해 끙끙거리던 아이가 짜증을 부리기 시작했다. 뒤집기를 하고 난 후 또다시 되돌리고 싶은데 마음처럼 몸이 움직여지지 않아 짜증이 났나 보다. 다시 되돌려주면 또다시 뒤집기를 하고 운다. 그 당시 일기장에 '귀가 찢어질 것 같다.'라고 적을 만큼 짜증 가득 실린 아이의 울음소리는 듣기 힘들었다.

아이가 자라고 있는 소리라는 걸 안다. 바둥바둥거리며 제 할 일을 하는 중이라는 걸 잘 안다. 하지만 그 모든 것이 처음인 나는 귀한 그 첫 순간을 소중히 다루지 못했다.

처음으로 이유식을 먹던 그 순간도 그랬다. 아이에게 처음 먹일 음식이라는 생각에 이유식을 만드는 내내 설렜다. 숟가락으로 음식을 먹는 날이 오다니!

하지만 현실 속 첫 이유식 시간은 좌절 그 자체였다. 엄마가 준 이유식 앞에서 운다. 대성통곡을 한다. 젖병을 향해 손짓하며. 결국 한 숟가락 겨우 떠먹일 수 있었다. 서로에게 상처만 남긴 채 이유식 시간이 끝났다. 역사적인 첫 순간이었는데. 잔뜩 기대했었는데. 아쉬움에 한숨을 몇 번이나 내쉬었다. 조금이라도 먹길 바라는 마음에 우는 아이 앞으로 숟가락을 몇 번이나 갖다 대 본 줄 모른다. 지금 생각해 보면, 나의 거침없음이 아쉬워진다. 조금 더 다정했어도 되었을 텐데. 혼자 숟가락을 잡고 밥을 떠먹는 아이를 보고 있노라면 서두름이 떠올라 괜히 미안해진다.

이제는 낮 동안 아이의 기저귀를 벗겨 둔다. 기저귀를 입고 싶어 하지 않는 아이와 이참에 기저귀 떼기에 돌입했다. 몇 번이나 말했다. 변기에 가서 쉬를 누라고. 몇 번이나 당당하게 바닥에 똥을 싼다. 침대 위에 오줌을 싸는 건 아무리 생각해도 용납할 수 없어 밤엔 기저귀를 입혔다. 그런데 첫째 아이가 기저귀를 벗기라고 아우성친다. "잘 때는 이러지 말자!" "침대에선 안 돼!" 말했지만 소용없다. 별 수 없이 기저귀를 벗겼는데 잽싸게 거실에 있는 작은 아기 변기에 가서 앉았다. 그러곤 그 변기를 자랑스럽게 갖고 온다.

"뭐야! 쉬하고 왔어?"

"네!"

낮 동안 그렇게나 엄마 말을 듣는 둥 마는 둥 하더니 듣고 있긴 있었나 보다 싶어 웃음이 났다. 몇 번이나 물었다.

"이거 찬이가 쉬 한 거예요?"

아이가 아주 자랑스럽다는 듯이 대답한다.

"네!"

소파며, 매트 위며, 의자 밑이며, 장난감 사이에 아이가 싸 놓은 오줌을 치우면서 짜증이 났다. 내 말을 콧등으로도 안 들어 줄 거면서 왜 기저귀는 벗는다고 하는지! 뒷골이 당겼다.

하지만 아이도 처음이다. 태어나면서부터 여태껏 차고 있었던 기저귀를 떼는 것은. 나올 것 같은 쉬를 참으며 변기에 앉는 건 아이 입장에선 힘든 도전일지도 모르겠다. 엄마의 말을 이해했지만 몸이 제 마음처럼 따라 주지 않아 속상해하고 있었을지도 모른다. 제 뜻대로 움직여 주지 않는 몸에 자존감이 떨어졌을 수도 있다.

물론 나도 처음이다. 다른 이가 바닥에 싸 놓은 똥오줌을 이렇게나 많이 치워본 적은 없다. 아무리 내 새끼라지만 베개 위에 싸 놓은 오줌을 보며 방긋 웃기란 쉽지 않다. 하지만 나 역시 그렇게 자라지 않았겠는가. 엄마가 뒷골을 몇 번이나 잡게 만들며. 그러니 연습이라도 해야겠다. 똥과 오줌을 보면 방긋 미소가 나오는 연습.

아이의 모든 첫 도전과 그걸 바라보는 엄마의 첫 순간이 매번 아름답지만은 않지만 지나고 보면 아련하고 그리워 마음 한구석이 죄여온다. 그 순간을 어떻게 보내든 아이는 결국 되집기를 하고, 밥을 숟가락으로 떠먹고, 배변 훈련에 성공할 것이다. 거칠고 성급하게 처음을 맞던, 다정하고 친절하게 처음을 보내던, 그 순간은 흐르고 만다.

하지만 남겨질 색은 다르겠지. 기억되고 말 순간의 빛깔은 다를 것임이 분명하겠지. 그 모든 것이 아이와 나 사이의 고유한 색을 좌우하고야 말겠지. 그렇게 한 겹, 한 겹 쌓인 빛깔이 우리만의 고유한 빛이 될 테니까.

아이와 맞는 첫 순간의 빛깔이 고왔으면 좋겠다. 알록달록 오색 빛으로 마음까지 밝아지면 기쁘겠다. 귀중한 순간이 거친 색으로 물들어버리는 건 생각만으로도 속상하다. '매우 당혹' 또는 '어안이 벙벙' 한 첫 순간일지라도 아이와 맞는 처음에 정성을 다해야지.

한번 물든 색깔은 절대 지워지지 않는다는 것을, 다른 빛깔로 다시 물들일 수 없다는 것을 잊지 말아야지. 그건 아이와의 첫 순간뿐만 아니라 내 삶의 많은 처음에도 해당하는 말일 테지.

앞으로 자랄 아이에겐 아직 숱한 처음이 기다리고 있다. 첫 입학, 첫 졸업, 첫 좌절, 첫 시험, 첫 실연……. 첫……. 삶의 모든 처음. 아이가 잘 자라고 있다는 뜻이기도 할, 그 처음. 그 자라남을 응원해 줘야지. 잘하고 있어, 그렇게 하면 되는 거야. 걱정하지 마. 넌 최고야. 그러면서 진심으로 꼭 안아줘야지. 아이의 모든 성장과 숱한 처음을 귀하게 여기는 부모가 되어야지.

## 눈치 백 단 여우들

분위기가 싸하다. 어쩔 줄 몰라 눈동자만 이리저리 굴리고 있다. 아버님과 할머님이 다투신다. 팔십을 훌쩍 넘긴 할머니에게 환갑을 막 넘긴 아버님은 아직도 어리게만 보이는지 종종 잔소리를 하곤 했다. 평소엔 그냥 웃으며 넘어가던 아버님도 그날만큼은 기분이 좋지 않으셨는지 큰 소리를 내신다.

저녁 식사를 시작하려던 참이었다. 할머니는 드시지 않으시겠다고 한다. 그런 할머니를 두고 밥을 먹기가 불편했다. 밥은 드시지 않겠다고 했지만, 멀찌감치에서 우리를 쳐다보고 계신다. 할머니의 눈빛이 뒤통수를 쏘는 것 같다. 이대로 먹은 밥은 소화가 안 될게 분명하다. SOS를 보냈다. 신은 아무것도 스스로 못하는 아기에게 '귀여움'이라는 무기를 주었다고 하지 않는가. 마지막 카드로 아이를 소환했다.

"찬아, 할머니를 모셔와!"

아무것도 모르고 천방지축 돌아다니고 있던 아이가 나를 쳐다본다.

'제발 모르는 척하지 말아줘.'

애절한 눈빛으로 아이를 바라봤다. 엄마의 마음을 눈치라도 챘다는 듯 할머니에게로 뚜벅뚜벅 걸어간다. 그러더니 할머니의 손을 잡아끈다. 식탁으로 가자는 듯이. 한번 잡아끌고 말 줄 알았는데 할머니가 식탁에 올 때까지 손을 잡고 있다. 할머니는 그제야 미소를 지으신다.

"내가 증손자 때문에 간다. 증손주가 최고네. 최고."

철옹성같이 꿈쩍하지 않던 할머니는 3살 찬이 손에 이끌려 식탁에 앉았다. 그게 끝이 아니다. 그 후가 얼마나 놀랍던지. 아이는 식탁 위에 놓인 밥그릇을 할머니에게 건넨다. 국그릇도 조심스럽게 들어 할머니 손에 쥐여 준다. 마지막으로 숟가락 젓가락까지 주더니 꾸벅 인사를 하곤 또다시 천방지축 뛰어다니기 시작한다. 그날, 우리는 고작 3살 된 아이 덕분에 아무도 체하지 않고 식사를 마칠 수 있었다.

마당에 나가자고 해서 기쁜 마음으로 나갔다. 그런데 대성통곡이다. 첫째가 바닥에 주저앉아 운다. 이유는 자신이 신고 싶은 신발을 둘째가 먼저 신었다는 것이다. 매번 똑같은 신발을 두 개씩 사는데 어째서 필요할 땐 꼭 하나씩 없어지는 건지. 옆에 놓인 새로 산 운동화는 집어 던지고 사천 원 주고 산 실내화가 뭐가 좋다고 내놓으라고 난린지.

둘째가 그 실내화를 먼저 신고는 신나게 뛰어놀고 있다. 아무리 울며 보채도 둘째 보고 신발을 벗어 양보해 달라고 할 수 없는 노릇이다. 아무리 생각해도 그건 부당하니깐. 그래서 아이에게 이야기했다.

"없어. 지금은 저 신발이 하나밖에 없어. 이거 신고 놀자."

"자꾸 울면 집으로 들어가야 해."

집으로 들어가라고 하면 뭐든 통했는데, 오늘은 그것마저 불통이다. 어떻게 해도 달래지지 않는 아이를 안고 집 안으로 들어갔다. 아이를 앉혀 놓고 이야기했다.

"안 돼. 옹이가 먼저 신었어. 저 신발은 지금 없어. 그러니 딴 거 신고 놀자."

한번 고집을 부리면 원하는 걸 얻을 때까지 고집을 잘 꺾지 않는 첫째다. 역시 아무것도 통하지 않는다.

'이 녀석이 진짜!'

화가 슬슬 나려고 하던 찰나 둘째가 베란다 창문을 두드린다. 똑똑똑. 그러더니 신발을 벗어 내어준다. 자신은 옆에 있던 운동화를 신는다. 저 조그마한 녀석도 알았던 걸까. 지금 집 안의 분위기가 살벌해지기 직전이라는 걸. 둘째 덕분에 첫째는 엄마의 화 폭탄을 피할 수 있었다. 그렇게 둘은 한참을 신나게 놀았다. 아무것도 모른다고 생각했던 세 살 아기에게도 눈치라는 게 있나 보다. 이 시점에 자기가 어떻게 해야 할지 빤히 아는 것처럼 행동할 때마다 놀랍기만 하다. 그럴 때면 말도 잘할 수 있는데 괜히 못 하는 척 하는 거 아닌가 싶은 엉뚱한 생각이 들기도 한다.

아이의 눈치 빠른 행동에 몇 번이나 신세를 진지 모른다. 여전히 아이를 앞세워 나 혼자였다면 머쓱해서 하지 못했을 말을 하곤 한다. 예를 들자면 부모님에게 마음을 표현하는 것과 같은 것.

마음을 진솔하게 표현하는 것이 늘 어려웠다. 부모님에게 마음을 전하는 건 어쩐지 더욱 어색하다. 마음으론 '고맙다' '사랑한다' 말을 하고 싶은데 입이 떨어지지 않을 때가 많다. 그럴 때면 아이 입을 빌려 대신 말하곤 했다.

"할머니 맛있는 거 사주셔서 고마워요~ 해봐."

"할아버지 사랑해요!"

아이에게 시켰지만 내가 그들에게 전하고 싶은 말이다. 그럴 때마다 참 다행이라는 생각을 한다.

'아이가 있어 정말 다행이야!'

그렇게나마 둘러 둘러 내 마음을 표현할 수 있으니깐 말이다. 게다가 내가 시키지 않았는데도 서슴없이 사랑을 표현하기도 한다. 할머니에게 안겨 볼을 비비거나, 할아버지를 보면 '할배요~할배요~' 하며 격하게 반긴다. 시도 때도 없이 그들을 안아주고, 기분이 좋은 어느 날엔 뽀뽀를 아낌없이 쏟아 붓기도 한다. 그런 아이들을 볼 때마다 생각한다. 아무런 거리낌 없이 사랑을 표현할 수 있는 저 아이들이 부럽다고. 어른이 되고 나선 부모님에게 사랑을 표현하는 것이 참 머쓱해 몇 번을 망설이곤 했는데. 나 대신 할머니, 할아버지에게 한껏 아양을 떨어주는 아이가 참 고맙다. 눈치껏 엄마의 마음을 대신 전해주는 사랑의 큐피드가 둘이나 있어 든든하다.

남편이 공을 차다가 발가락을 다친 아침. 고통을 호소하는 아빠를 보고선 재빠르게 달려간다. 아빠의 발 앞에 쪼그리고 앉아 연신 호호~바람을 불어댄다. 그 모습을 지켜보는 남편의 얼굴엔 미소가 가득 차올라있다.

발가락은 아니지만 남편의 마음에는 반창고가 이미 한가득 붙여졌다. 후후 불어주는 그 입바람에 정말 아빠가 짠하고 낫는다고 생각하는 건지, 그렇게 해 주면 아빠가 슬프지 않을 거라 생각하는 건지는 모르겠지만 어쨌든 적절한 타이밍에 보내는 아이들의 사랑스러운 애교에 기쁨을 느낄 때가 한두 번이 아니다.

안아달라고 팔을 벌릴 때면 모르는 척 쌩하고 지나가버리거나 만사가 귀찮아 누워 있는 나에게 와선 나가자고 칭얼거릴 때마다 '눈치 없는 것들.' 이라며 있는 대로 째려보곤 했다. 하지만 곰곰이 생각해 보면 정말 필요한 순간엔 언제나 짠하고 나타나 수호천사 역할을 톡톡히 해 주는 것 같다. 알고 보면 '눈치가 없는 것들' 이 아니라 이미 눈치가 백 단이라 상황 판단을 제대로 하는 건 아닐까 싶은 생각이 든다.

'눈치 백 단 여우 같은 것들.'

## 전우에게 바치는 김치볶음밥

요즘 내가 가장 정성을 많이 들이는 일은 매 끼니 아이의 밥을 차려내는 일이다. 거창한 요리를 만들기 위해 쏟는 정성이 아니다. 그저 때맞춰 아이 밥을 지어 먹이는 것. 그것은 초보 엄마인 나에게 여간 힘든 일이 아니다.

아침을 먹이고 나면, 점심은 뭘 먹이지. 점심을 먹이고 나면 저녁은 어쩌지. 온통 그 생각뿐이다. 중간중간 챙겨 줘야 하는 간식까지 더해지니 없는 요리 솜씨에 매일 같이 죽을 맛이다. 그 와중에 밥을 잘 먹어주지 않는 날이 이어지니 요즘 내 신경은 온통 아이의 밥에 머문다.

오늘 남편과 함께 장을 한가득 봐 왔다. 몸에 좋다는 각종 채소와 함께 설탕 대신 쓸 배 시럽과 콩국수 한번 먹여보자 싶어 산 검은깨, 영양의 균형을 위한 고기 등등. 장 본걸 식탁 위에 올려두고 하나씩 정리를 하는데 뭔가 허전했다.

'이렇게나 가득 장을 봐 왔는데, 뭐가 빠진 걸까.' 한참을 서서 장바구니를 바라보았다.

그날 저녁 아이들이 잠이 든 시간에 부엌에서 조용히 재료를 손질했다. 이유식책에서 알려주는 대로 야채를 다듬었다. 양은 얼마 되지 않는데 손은 참 많이 간다. 정리가 다 되어 갈 때쯤 운동하러 갔던 신랑이 돌아왔다. 늘 그랬듯 편의점 봉지를 손에 들고선.

"내일 아침엔 일찍 나가야 해. 혼자 있으면 밥 잘 안 챙겨 먹잖아. 이거라도 먹어. 꼭."

샌드위치와 커피, 그리고 우유를 냉장고에 넣고 있는 그의 뒷모습을 가만히 보는데 오후에 느꼈던 허전함이 무언지 번뜩 떠올랐다. 도무지 생각나지 않았던 그 허전함의 정체가.

"저 많은 재료 중에 내 남편을 생각하며 산 재료는 단 하나도 없었네."

물론 나를 위해 산 재료 또한 없었지만 허전하다고 생각하지 않았다. 왜냐면 남편이 늘 이것저것 나를 위한 음식들을 사다 날랐으니깐.

어느샌가 남편의 밥은 '짓는' 대신 '때우는' 일이 잦아졌다. 변화한 밥상에 싫은 내색 한번 하지 않았던 그였다. 불만보단 아내의 고됨을 먼저 읽어낸 것이리라.

엄마 역할을 잘 해낼 수 있었던 이유에는 남편의 묵직한 지지와 응원이 깔려 있었기 때문이란 걸 문득 깨닫고 나니 이 밤, 남편을 위한 밥이 짓고 싶어졌다. 내일 새벽에 일찍 나가야 하는 남편을 위해 김치볶음밥 도시락을 만들었다.

지금 해 줄 수 있는 음식이 고작 김치볶음밥이라는 게 마음에 걸려 작은 종이에 마음을 꾹꾹 눌러 담아 편지를 적었다. 편지를 쓰는 일은 사랑을 주는 일이고, 또 편지를 받는 일은 사랑을 받는 일이라는 어느 시인의 말이 떠올랐다.

내 남편은 편지를 받는 일로 그 시인만큼이나 사랑을 느끼진 않을 테지만. 편지보단 김치볶음밥 옆 비엔나소시지에서 사랑을 느낄 거란 걸 알지만, 비엔나소시지가 지금은 없으니 어쩔 수 없지.

'소박한 김치볶음밥에 나의 편지로 사랑을 더하자.'

이튿날 식탁 위에 올려둔 도시락을 보며 남편이 말한다.

"고마워. 잘 먹을게."

참 오랜 시간을 함께했다. 21살 연애 시절부터 두 돌 아이를 키우고 있는 지금 이 순간까지. 아이를 낳기 전엔 연인으로, 부부로 지내면서 곱고 달콤한 사랑을 해왔다면 아이를 낳고 나선 현실 부모가 되어 매일을 전투적으로 보냈다. 그럴 수밖에 없었다. 아이들이 잠자리에 들기 전까지 엉덩이 한번 붙일 새 없이 둘 다 바쁘게 움직인다. 아이들이 조금 더 크기 전까진 이러한 상황이 계속 이어지겠지. 가끔 추억한다. 아이를 낳기 전 우리의 자유로웠던 날들에 대해서.

불과 1년 전 일임에도 불구하고 아득하다. 그런 때가 있었나 싶은 생각이 들 만큼. 하지만 너무 섭섭해하지 않아도 된다. 그러한 순간이 영원히 돌아오지 않는 것은 아니니깐. 아이들이 자라고 나면 우리에겐 예전처럼 둘만의 시간이 넘쳐나겠지. 물론 흘러버린 세월 탓에 연애 세포는 말라버리고, 몸은 닳고, 둘을 향한 열정은 식어 버릴 확률이 아주 높지만 뭐 어쩌겠는가. 자연의 섭리인 것을.

흐른 세월만큼이나 서로를 향한 신뢰와 존중, 애처로움과 의리 같은 감정들은 지금보다 훨씬 더 많이 쌓여 있겠지. 단단히 견고하게. 그땐 그런 것들로 서로를 어여쁘게 여겨주면 되지 않을까.

"아이들이 크고 나면 무엇을 하고 싶어?"

종종 물을 때가 있다. 아직 말도 제대로 못 하는 아이들을 키우고 있는지라 그런 날이 오려면 꽤 오랜 시간이 흘러야 할 것 같다는 생각에 아득해 지지만. 하지만 시간은 언제나 생각보다 빨리 흘러가 버리고 마니깐. 남편과 둘이 함께 보낸 지난 10여 년의 시간이 그랬던 것처럼.

남편은 자유롭게 여행을 다니고 싶다고 했다. 아이들과 함께 가는 여행은 여행이라기 보단 고행이라는 말이 더 어울린다고 할 만큼 쉽지도 순조롭지도 않다. 짐부터 시작해서 챙겨야 할 것도 너무 많다. 순례자 같은 심정으로 떠나는 여행이 아닌 진정한 여행자로서의 여행을 꿈꾼다고 했다. 고맙게도 함께 가자고 이야기해 준다. 그럼 나는 트렁크에 보고 싶은 책을 잔뜩 넣고 노트북 하나를 챙겨 남편을 따라 여행길을 나서면 되겠다고 생각했다. 아무리 상상이라지만 생각만으로도 벌써 설렌다.

긴 시간을 함께해 왔고 앞으로 더 긴 시간을 함께해 갈 것이다. 기쁨을 함께 나누기도 하겠지만 슬픔과 고통, 때로는 고난을 견뎌내고 버텨야 할 시간도 분명히 있을 테다. 하지만 두렵지 않다. 함께 한다면 무엇이든 이겨낼 수 있을 것만 같다.

내 배 속에 아이가 쌍둥이라는 사실을 알았을 때 남편과 나는 적잖이, 아니 무척 많이 놀랐다. 하나도 키우기 힘들다고 하는데 둘을 동시에 키워야 한다는 사실에 막막하기까지 했다. 그때 남편이 나에게 해 주었던 말이 있다. 분명히 힘들겠지만 함께 하면 잘해 낼 수 있을 거라고. 서로 도우면서 잘 해 보자고.

그 말을 잊을 수 없다. 잊을 수 없게끔 매일 자신이 했던 말을 지켜가며 살아가고 있기도 하고. 많은 일을 겪었고 함께 헤쳐 나갔다. 비록 육아 전쟁보다 더한 내전이 있기도 했지만 어쨌든 우린 한 편이니깐.

어려움이 있어도, 고난이 닥쳐와도 혼자가 아닌 둘이니깐. 그 사실 하나만으로도 삶에 따스한 온기가 넘실거리니깐. 그 온기가 결국 우리를 살아가게 만들어 주니깐. 아, 이럴 때 쓰는 말인가. '감개무량' 하다는 말. 할머니, 할아버지가 되어서도 손 정도는 잡고 다닐 수 있는 온기가 부디 남아 있길 바라며.

'당신의 쭈글쭈글 한 손도 참 곱구려.'

상상만으로도 감개무량하다!

# 제2장

# 아름다운 일상을 위하여

# 일상이 지루해지는 날이 있다

누구에게나 그런 날이 있다. 소중하다고 여겼던 순간이 문득 지긋지긋하게 느껴질 때가 있다. 어제와 비슷한 일상이지만 분명히 다른 오늘이 참 고마웠다. 아이를 돌보는 일은 어제와 다를 것 하나 없지만, 어제와는 다른 오늘의 빛을 한껏 머금은, 어제보다 하루 더 자란 아이의 미소에 행복을 느끼곤 했다. 하지만 그 모든 것이 한순간에 지겨워질 때가 있다. 이렇다 할 일이 생긴 것도 아닌데 모든 것이 힘들어질 때가 있다. 어제와 비슷한 아이의 칭얼거림이 유난히 듣기 힘들다. 옳지. 지금이야. 그것을 빌미로 지하 저 끝 어딘가로 가라앉고야 만다.

'다 지겨워. 전부 다!'

엄마 노릇의 대부분은 나 역시 태어나서 처음 해 보는 일투성이였다. 손에 익지 않은 많은 일을 하느라 몸은 고되었고 걸핏하면 울어대는 아이들의 비위를 맞춰주느라 정신 역시 힘들었지만, 그 노고조차 엄마 노릇의 일부라 여기며 버텨냈다.

힘들라 치면 세상에서 가장 투명한 미소를 지어주는 아이들 덕분에 무너지지 않고 나의 일상을 지켜낼 수 있었다. 새벽까지 수유하느라 쪽잠을 자고, 우는 아이 달래느라 발을 동동 구르고, 내 배는 곯는 한이 있어도 아이 배는 절대 곯게 하지 않겠다는 일념 하나로 부지런히 분유 셔틀을 하면서도 아이가 건강하게 자라주는 그것 하나에 모든 것이 감사했다. 외출은커녕 집에 있으면서 화장실조차 내 마음대로 가지 못해도, 아이를 안고 있느라 허리가 끊어질 듯 아파도, 돌아서면 젖병소독, 돌아서면 빨래, 돌아서면 청소인 생활이 이어져도 '엄마의 삶'을 살아갈 수 있다는 것 자체로 행복했다.

그런데 역시, 엄마도 사람인 게다. 대체 불가한 행복이라고 입버릇처럼 이야기하며 지내다가도 불현듯 그 모든 것들이 지긋지긋해지는 때가 온다. 나조차 예상하지 못했던 순간에 우울함이라는 파도가 나를 덮친다. 끝없이 반복되는 육아와 살림 앞에서 털썩 주저앉고 만다. 단단했던 일상은 그렇게 무너진다.

쏟아낼 수 있는 모든 정성을 아이에게 퍼부었다. 엄마라면 응당 그렇게 살아야 한다고 생각했다. 몸도 마음도 닳아버렸다는 걸 이미 알고 있었으면서 '괜찮다. 괜찮다. 지금 너무 행복하잖아' 주문 하나로 덮어 버리려 했는데, 그게 쉽지가 않다. 그때부턴 익숙하고 감사한 모든 일상이 낯설게만 느껴진다.

우는 아이가 낯설고, 그런 아이를 가만히 들여다보는 나도 낯설다. 어떻게 해 줘야 하는지 알고 있으면서도 쉽사리 몸이 움직여지지 않아 그 또한 낯설다. 그날 하루는 무기력이라는, 실체는 없지만, 실체가 있다면 물컹물컹하고 흐느적거리는 꼭 액체 괴물 같은 것이 나를 집어삼켜버린 것 같다. 여태껏 아이의 미소 한방이면 모든 것이 괜찮아졌는데 오늘 같은 날엔 그것마저 통하지 않는다.

그런 날이 있다. 정말이지 아무것도 소용없는 날이 주기적으로 한 번씩 찾아온다. 반갑지 않다고만 생각했는데, 피할 수만 있다면 모르는 척 피하고 싶다 여겼는데 엄마로 몇 해 살아보니 꼭 그런 것 같지만은 않다.

우리 몸은 내가 생각하는 것보다 훨씬 똑똑하다. 내 몸 중 어느 한구석이라도 균형이 맞지 않으면 뇌는 그것을 빠트리지 않고 감지하여 나에게 이상 신호를 보낸다. 마그네슘이 부족하면 눈꺼풀이 파르르 떨리고 비타민D가 부족하면 쉽게 우울감과 피로함이 밀려온다. 철분이 부족하면 빈혈이 일어나고 운동이 부족하면 뱃살이 불뚝 튀어나온다.

자기를 좀 봐달라는 신호다. 몸에 무언가가 부족하니 놓치지 말고 채워 넣으라는, 혹은 넘치는 중이니 비워내라는 경고의 메시지다. 내 몸 한구석이 이상해졌다는 걸 몸이 보내는 신호를 통해 알아채면 병원을 가든 약국을 가든 무슨 대책을 마련한다. 몸의 균형을 맞추기 위해 노력한다.

몸과 마찬가지로 마음 또한 그렇다. 내 마음의 영역에 오랜 시간 나를 비워둔 채 살다 보면 마음 한구석이 뻥 하고 뚫려 버린다. 처음에는 손가락 한 마디 정도밖에 되지 않아 잘 모르고 있었는데 나를 외면하는 시간이 길어질수록 구멍은 점점 커진다. 그 뚫린 마음의 구멍 사이로 헛헛함과 허무함이 스며든다. '몸은 바쁜데 이상하게 잡생각이 많이 들고 마음이 허전해져.' '아무 일도 없는데 예전보다 조금 편해지니깐 별생각이 다 드네.' 그러고 만다.

그러다 불현듯 나의 모든 일상이 지긋지긋해져 버린다. 문제가 발생해 버린 것이다. 마음이 이상해진다는 건 곧 무슨 문제가 생기게 될 거란 신호라는 걸 본능적으로 알면서도 모르는 척 한 결과, 무기력이라는 액체 괴물이 나의 정신을 덮쳐 버린 거다.

내 마음의 주인인 내가 오랜 시간 자리를 비워 생긴 문제인 이상 답은 하나다. 다시 나로 가득 채워 넣어야 한다.

하지만 쉽지 않다. 오랜 시간 내 마음의 영역에서 나는 부재중이었다. 긴 부재로 인해 '나로서의 나'로 살아가는 방법을 잊어버리기도 했거니와 이전과는 다른 삶에 적응하여 사느라 마음까지 보듬어 줄 여력이 없다. 그래서 오랜 시간 자신을 잃은 채 살아왔던 이에게 피해 갈 수 없는 마음의 슬픔이 찾아온다. 사람마다 다를 것이다. 어떤 이는 냉소로, 또 어떤 이는 울음으로 또 어떤 이에겐 무기력, 또는 슬픔으로 찾아온다.

나와 가까운 지인 중 한 명은 아이를 낳고 오랜 시간 마음을 앓았다. 그 누구도 도와주는 이 없이 타지에서 혼자 해온 육아에 몸과 마음은 지칠 대로 지쳐 있었다. 하지만 겉으로 보이엔 멀쩡해 보였다. 한참 뒤에 알게 된 사실이었다. 그녀가 마음을 앓고 있는지조차 몰랐다. 하긴 그건 본인도 잘 몰랐다고 했다. 그저 힘들다고만 생각했단다. 그 힘듦의 원인이 고된 노동 때문인지, 감정 소모 때문인지, 아이 때문인지, 자기 자신 때문인지, 남편 때문인지조차 분별하지 못한 채 그저 힘들다는 말만 했었다. 그리고 오랜 시간이 흐른 뒤 깨달았다. 자신의 삶에 자신이 없었다는 것을. 꽤 오랜 시간을 아이로 가득 채워진 삶을 살아왔다는 것을.

자신의 삶이 빛을 잃어 가고 있다는 사실을 뒤늦게 알게 되었다. 아이만 잘 키우면 되는 줄 알았다. 십여 년을 그렇게 자신은 잊은 채 엄마로 살았던 그녀였다. 커다랗게 뚫린 구멍에 다시 자신을 채워 넣어야 한다는 걸 깨달았지만, 그녀는 한동안 스스로에게 냉소적이었다.

'내가 그렇지. 달라질 게 없다.'라는 말만 되풀이했다. 너무 오랫동안 자신의 마음에서 본인을 빼 버린 채 살아왔던 그녀에겐 뻥 뚫린 구멍에 본인을 채워 넣는 일은 생각보다 어려웠다. 그동안 굳은살처럼 베어버린 자기 비난을 깎아 내는 게 쉽지 않았다. 할 수 있는 게 거의 없다고 생각했지만, 아무것도 하지 않고 있을 수도 없는 노릇.

그녀는 자신을 위해 할 수 있는 일들을 고민했다. 그리고 소소하게나마 움직이기 시작했다. 컴퓨터도 배우고, 안 읽던 책도 읽으려고 노력한다. 작은 아르바이트 자리도 구해 일을 시작했다. 생각처럼 쉽지 않은 도전들이지만 자신을 위한 움직임이라는 사실 하나만으로도 많은 위안을 얻는다고 했다.

'엄마'로 살아가는 삶이 잘못되었다는 말이 아니다. 되려 엄마가 되어놓고선 엄마로 살아가지 않으려고 발버둥 치는 것이 더 이상하고 기괴하다. 현실을 직시하지 못한 채 이상만 바라보며 사는 건 잘못됐다. 건강하지 못한 삶을 초래할 것이다.

내가 두 발 디디고 서 있는 그 자리에 최선을 다해야 한다. 하지만 한 가지 잊지 말아야 할 사실이 있다. '나'로 돌아가는 짧은 시간 동안은 온전히 나에게 정성을 들여야 한다는 것이다. 별거 없다. 그저 나를 위한 진심 어린 칭찬과 격려 그리고 내가 지금 이 자리에서 할 수 있는, 나를 위한 그 어떤 일이든 해 보는 것. 내게는 여러 모습이 있지만 나로서의 나도 있다는 사실을 잊지 않고 살아가는 것. 행복한 삶을 살기 위해서는 나답게 살아야 한다는 진부한 말밖엔 할 말이 없지만, 그 진부한 말이 진리라고 나는 믿는다.

'나'를 잃지 않기 위해서 아침 운동을 한다. 유튜브 운동 채널을 틀어놓고 신나게 따라 하고 있다 보면 잠자고 있던 아이들이 하나, 둘 거실로 나온다. 물론 엄마가 운동하는 꼴을 곱게 봐주지 않는다. 다리 한쪽을 붙들고 늘어지기도 하고 내가 쓰고 있던 운동기구를 빼앗아 달아나 버리기도 한다. 그러거나 말거나 정해진 양만큼 운동하기 위해 나 역시 이 악물고 버틴다.

운동을 처음 시작했던 이유는 하나였다. 무너져 버린 자존감 재구축.

쌍둥이 임신으로 배가 남들보다 많이 컸었다. 탄력 없던 내 피부는 그 늘어짐을 견디다 못해 다 터버렸다. 가슴 밑까지 온통 튼 살로 가득했다. 아이를 낳고 나의 자존감을 바닥까지 떨어트렸던 건 다름 아닌 축 처지고 쭈글 해져 버린 뱃살이었다. 왕년의 탄탄한 배를 만들겠다는 다짐으로 운동을 다시 시작했다. 물론 튼 살을 되돌릴 방법은 의사조차 '없다'라고 했다. 상관없다. 나를 위해 최선을 다하고 있다는 사실 자체가 나에겐 훨씬 더 중요하니깐.

엄마가 일찍 깨면 아이도 자연스레 일찍 일어나게 되어있다. 그 사실을 알면서도 아침 운동을 포기하지 않았던 건 아이만큼이나 나 또한 소중한 사람이라는 걸 스스로에게 매일 상기시키기 위함이었다. 화장실 변기 안에 물 한 컵을 붓는 사소한 행위조차 매일 하는 것에는 신성함이 깃든다는 말을 어디서 읽은 적이 있다.

'신성함.'

운동을 하는 내내 '나'를 생각한다. 완벽하게 돌아갈 순 없겠지만 최선을 다해보겠다고 자신을 다독인다. 아이만큼이나 소중한 존재라는 걸 운동을 통해 나에게 말해준다.

운동한 지 7개월이 되었지만, 쳐진 내 뱃살은 올라갈 기미가 없다. 살갗이 찢어진 흉터는 여전히 흉하게 내 배 가득 남아 있다. 하지만 몸 곳곳이 건강해졌다는 걸 느끼고 있다. 근육도 군데군데 생겼다. 점점 더 스스로가 좋아지고 있다. 나를 위해 시간을 들이고 정성을 쏟아내고 있다는 사실 하나만으로도 내 마음은 충만해진다. 나의 아침운동은 고작 스트레칭 정도에 불과한, 사소하고 간단한 것이지만 그러한 점에서 그것은 결코 사소하지 않다.

## 지금이 그럴 때?

오늘도 어김없이 시작되었다. 끝없는 칭얼거림. 알 수 없는 고집.

흔히 말한다. 그때쯤부터 아이에게 자아가 형성된다고.

'지금은 그럴 때야.'

'자아'의 사전적 의미는 자기 자신에 대한 의식이나 관념이다. 사고, 감정, 의지 등 여러 작용을 주관한다. 그저 받아들이기만 하던 아이가 '생각'이라는 걸 하기 시작했다고 말하면 되려나.

불과 6개월 전만 해도 본능에 충실했다. 먹고, 자고, 놀고, 싸고……. 자신의 본능 중 어느 한구석이 불편하지만 않으면 됐다. 엄마가 주는 음식을 먹고, 엄마가 입혀 주는 옷을 입었다. 손에 쥐여 주는 장난감을 가지고 놀고, 주어진 공간에서 지냈다. 언제까지나 그럴 것만 같았던 아이는 돌이 지난 시점부터 점차 달라지기 시작했다. 18개월이 지나고 난 뒤론 이 세상에 내 마음 대로 안되는 건 아무것도 없는 '천상천하 유아독존'이 되어버렸다.

엄마가 주는 것만 먹지 않는다. 본인이 먹고 싶은 음식을 '직접' 냉장고에서 꺼내려고 발버둥 친다. 물론 손이 닿지 않는다. 그럴 땐 고래고래 소리 지르기 한판! 간단한 말을 할 수 있게 되고 난 후론 '까까 됴(과자 줘)' 또는 '빵 됴(빵 줘)'라고 자기가 할 수 있는 최선을 다해 의사 표현을 한다. 가끔 '주뜨(주스)'라던지 '유유(우유)'를 달라고 두 손을 내민다. 엄마가 지금은 안 된다고 말하면 그땐 드러눕기 한판이다. 귀가 찢어질 것 같은 고함은 덤.

남자아이라서 옷에 관심이 없을 줄 알았다. 그런데 아니다. 쌍둥이 옷을 살 때 완전히 똑같은 옷 보다는 스타일은 같지만 색이 다른 옷을 주로 샀었다. 누구 것이라고 정하고 산 건 아니었다. 여태껏 먼저 잡은 놈한테 먼저 잡히는 옷을 입혀왔다. 그런데 이젠 그럴 수가 없다. 물어봐야 한다.

'이 둘 중에 뭐 입을래?'

그렇지 않으면 기껏 입힌 옷을 벗겨야 하는 수고로움이 생길지도 모른다. 사이좋게 하나씩 고르면 참 좋으련만 같은 옷을 입겠다고 서로 잡고 놓지 않을 땐 난감해진다. 그럴 때면 색이 다른 옷을 산 나 스스로가 참 원망스럽다.

장난감의 취향 역시 엄마의 예상을 완전히 비껴간다. 자동차에 푹 빠져 있는 아이들을 위해 큰마음 먹고 새 장난감 차를 사줬다. 분명 좋아할 거라는 부푼 기대를 안고. 하지만 쳐다보지도 않는다. 손에 있는 손바닥만한 천 원짜리 장난감에 푹 빠져 있다.

이건 뭐 하나 쉬운 게 없다. 중요한 건 이 모든 선택 사항 대부분을 교양 있는 언어로 표현하지 않는다는 것이다. 말은 못 하지만, 마음은 급한 아이가 하는 의사 표현은 '고래고래 소리 지르기'다.

귀가 찢어질 것 같은 고함을 그만 들으려면 아이가 원하는 것을 빠르게 눈치 채야 한다. 엄마에게 주어진 미션이다. 그래도 꽉 채운 2년을 엄마로 살아 온 게 헛되진 않았는지 어지간한 것들은 아이의 눈빛과 손끝만 보고선 알아차릴 수 있다. 하지만 문제는 그런 엄마의 눈치 역시 모든 상황에서 통하지 않는다는 것이다.

어느 날 붕붕카를 타고 있던 아이가 갑자기 엉엉 운다. 손에는 자기 몸만 한 어른 베개를 들고선. 베개 때문에 방해가 되었다는 뜻인가 싶어서 얼른 치워 주었다.

"엄마가 치워줄게. 가는 데 불편했어?"

베개를 침대로 던지는 순간 애가 뒤로 발라당 자빠진다. 자기가 가지고 있던 소중한 것을 빼앗아갔다는 듯이. 베개를 향해 손가락질하며 격하게 운다. 갖고 오라는 뜻이다. 가져다주었다. 하지만 울음은 멈추지 않는다.

'어떻게 하란 말인가?'

나중에 알고 보니 그 큰 베개를 붕붕카 밑에 있는 수납 칸에 넣어 달라는 것이었다.

'세상에. 그 큰 베개를 어떻게 작은 수납장에 넣냐? 그걸 넣고 네가 앉아서 운전한다고? 앉을 수나 있을 것 같아?'

한바탕 소리 지르고 싶은 걸 간신히 참았다. 그 대신 할 수 있는 최선을 다해 베개를 붕붕카 밑에 넣어주었다. 넣었다기보단 끼웠다라는 표현이 더 맞을 것 같다. 베개 때문에 제대로 앉을 수 없을 뿐만 아니라 앉아도 바닥에 두 다리가 닿지 않는데도 불구하고 좋다고 웃는다. 겨우 한 발의 발가락으로 힘겹게 붕붕카를 밀며 유유히 떠난다. 이성적으로 이해가 되지 않는 행동이다.

'쟨 왜 저러는 거야.'

어이가 없어서 웃음 밖에 나오지 않는다. 이러한 어이없는 상황은 매일 때때로 일어난다. 아빠가 준 쭈쭈바에 세상을 다 가진 것처럼 좋아했다. 쭈쭈바를 잡은 아이의 손이 시려 울 것 같아 손수건으로 감싸주었다. 그런데 첫째가 갑자기 일어나더니 안방으로 쏜살같이 뛰어간다. 목욕하고 몸을 닦는 큰 수건을 갖고 나온다. 그걸로 쭈쭈바를 감싸 달라는 말이다.

'도대체 왜?'

어떨 때는 포크로 국을 떠먹겠다고 고집을 피운다. 국이 떠질 리가. 국이 안 떠진다고 운다.

'오, 신이시여…….'

한 날은 어린이집에 갈 시간이 되었는데 내 옷장 앞에서 울고 있다. 무얼 원하나 싶어 안아서 올려주었더니 내가 외출할 때 입는 재킷을 입겠단다. 그래서 입혀 주었다. 어린이집 앞에서 벗길 요량으로. 절대 벗지 않는다. 건들면 곧 물어버릴 것 같은 강아지 같은 눈빛으로 나를 쏘아본다.

'그래 입고 가. 입고 가!'

이쯤 되면 포기다. 선생님에게 굽신거리며 사정을 이야기하는 건 내 몫이다. 자아가 생기고 있는 아이와 함께 산다는 건 대충 이런 뜻이다. 뭐 하나 정상적인 사고로는 이해할 수 없는 행동들이 많다. 이쯤 되면 선택해야 한다. 내가 걔들과 같은 수준이 되어 그들의 심오한 뜻을 완전히 이해하든지, 그저 미성숙한 아이가 자라는 중이라는 걸 인정하고 받아들이든지.

내가 3살로 돌아가지 않는 이상 그들과 같은 수준이 되긴 힘들다. 그럼 남은 건 하나. 아직 미성숙한 아이들이라는 사실을 인정하고 성숙하기까지 기다리는 것뿐.

이미 알고 있다. 아이들이 하는 어이없는 행동의 이유는 어리기 때문이라는 사실을. 그걸 모르는 어른은 없다. 단지 어른의 사고론 도저히 받아들이기 힘든 아이들의 행동 앞에서 의연하지 못할 뿐. 그러니깐 내 눈에 비정상적으로 보이는 행동을 하는 걔들은 지극히 정상이다. 지극히 정상으로 아주 잘 발달하는 중이다. 아이를 대하는 어른으로서 갖춰야 할 나의 태도가 미숙했다.

지금보다 조금 더 넓은 포용력을 길러야 한다. 왜냐하면 내가 어른이니깐. 아기였던 나 역시 쟤들만큼이나 이해할 수 없는 숱한 행동을 하며 자라왔을 테니깐. 그러니 조금 더 넓은 마음으로 아이의 칭얼거림을 들어줘야 한다.

'네가 그렇게 큰 소리로 우는 건 너의 자아가 아주 건강하게 확립되고 있다는 뜻'이라고 생각하면서.

'지금은 그럴 때지.'라는 말은 아이를 향하는 말이 아니다. 그 말의 진짜 방향은 나에게로 향해 있다는 걸 최근에서야 깨달았다.

'지금은 그럴 때야. 그게 정상이야. 그러니 애한테 그렇게 성질내지 마…. 그냥 받아들여.'

역시 엄마 노릇은 쉽지 않다.

## 심술궂은 날씨 도깨비

태풍이 북상 중이라고 하더니 오늘 새벽 바깥 풍경이 심상치 않다. 햇볕을 피하려고 쳐 놓은 그늘막이 곧 찢어질 듯 바람에 휘날리고, 거센 바람을 피하지 못한 채 그 자리에 서 있는 나무는 한쪽으로 휘어져 그 모습이 애처롭다. 바람에 문이 덜컹거린다. 오늘따라 빗소리는 더욱 음산하다.

식탁에 앉아 맞은편 베란다 창문으로 바깥을 보고 있노라니 며칠 전 햇볕이 창창하던 그 날씨가 꿈에서나 본 듯 아득하게만 느껴진다. 순식간에 변해버린 날씨를 보고 있자니 불현듯 무언가가 떠오른다. 웃음이 난다. 육아가 날씨라면 이런 모습일까.

아이를 키우는 일은 변화무쌍한 날씨와 같다. 어느 날은 이렇게 좋아도 되나 싶을 만큼 화사하고 따뜻하다. 마치 봄날의 곰처럼. 혹은 추운 겨울, 두 손에 쥔 따끈한 호빵에 얼어 있던 발끝까지 간질간질 해지는 것처럼. 따스한 봄바람에 흐드러진 꽃잎이 내 얼굴에 살포시 내려앉은 것처럼. 물론 어느 날은 너무하다 싶을 만큼 싸늘해지기도 한다. 얼음 바람이 부는 한겨울의 길거리를 걷고 또 걷는 것처럼 춥고 고단할 때가 있다.

아이들의 행동과 몸짓, 손짓에 나의 날씨는 따스한 봄이 되기도 하고 얼어붙을 듯 한겨울이 되기도 한다. 하루에도 몇 번씩 바뀌는 날씨를 겪고 있노라면 아이들에게 휘둘리고 있는 내가 문제인가 싶기도 하다. 그만큼 내게 아이라는 존재가 중요하다는 뜻이기도 하겠지.

얼마 전에 얼굴을 다쳤다. 아이를 어린이집에 내려 주려고 차 문을 세차게 열다가 문 모서리에 얼굴을 찍혔다. 마음이 급하긴 했다. 한 아이를 내려 주고 또 다른 아이를 내려 주는 사이 아이가 도로로 가지 않을까 싶어 마음이 조급했다.

살갗이 찢어져 스무 바늘을 꿰맸다. 피가 뚝뚝 떨어져 물티슈를 몇 장이나 흥건히 적셨다. 반창고를 얼굴에 붙이고 집으로 돌아오며 혹시나 아이들이 만지진 않을까 걱정이 됐다. 늘 새로운 것에 손부터 나가는 아이들이니깐. '단단히 일러둬야지!' 생각했다. 그런데 반응이 예상 밖이다.

엄마의 얼굴에 붙여진 반창고를 보며 후후~하고 불어줄 뿐, 만지려 들지 않는다. 반창고를 향해 손가락질하며 '아야, 아야.' 참새처럼 재잘거릴 뿐이다. 아마 엄마가 다쳐서 아프다는 뜻이겠지.

조그맣고 탐스러운 입술을 있는 힘껏 앞으로 쭉 빼고선 후후 불어준다. 그 입김이 햇살 좋은 봄날, 따스하게 불어오는 꽃바람 같았다. 너무나 따스해서 울컥, 눈물이 나고야 말았다. 아이들과 지내다 보면 한여름에도 벚꽃 바람을 만날 수 있구나.

어디서 배웠는지 종종 입술을 오리 주둥이같이 내밀고 뽀뽀를 해 준다. 본인이 기분이 좋을 때만 해주는 특별 보너스다. 무심히 있는 나에게 뽀뽀를 하고 갈 때가 있다. 그럴 땐 보기 귀한 쌍무지개가 쨍하고 뜬 것만 같다. 한 번 더 해달라고 애원해도 소용없다. 역시 귀하다.

어린이집으로 아이들을 데리러 갈 때가 있다. 선생님이 옷매무새를 만져주는 동안 오줌이 마려운 강아지처럼 초조하게 발만 굴리고 있다. 엄마에게로 달려오고 싶어서. 아니나 다를까 선생님의 손에서 벗어나는 순간, 복도 끝에서 내가 있는 현관까지 팔 벌리고 달려온다.

얼굴에는 함박 미소를 머금고. 그 순간, 이 세상이 전부 내 것이 된 것만 같다. 아이들의 미소와 몸짓이 나를 '귀한 사람'으로 만들어준다. 기쁨과 함께 감사함이 차오른다.

'온 세상의 햇살이 나에게만 쏟아지는 것 같다. 아, 눈부셔.'

하지만 그 반대일 때도 적지 않다. 아니 더 많은 것 같기도 하고. 햇볕이 쨍쨍 내리쬐는 한여름 오후 2시. 잠깐만 서 있어도 땀이 주르륵 흘러내릴 것 같은 그 날씨에 바깥에서 몇 시간째 서 있는 듯한 기분이 들 때가 있다. 도무지 무슨 일인지 모를 일로 한참을 울 때. 아무리 달래도 그치지 않는 아이의 울음과 마주할 때면 정말이지 딱 여름날 오후 2시다.

'그만해. 엄마도 곧 터져버릴 것 같으니까.'

이를 악물고 뜨거운 태양과 같은 아이의 울음을 온몸으로 받아낸다. 때로는 곧 모든 걸 통째로 휩쓸어 버리고 싶은 분노를 가득 품은, 딱 오늘과 같은 태풍을 만날 때도 있다. 마실 물을 달라고 하여 주었더니 물은 마시지는 않고 컵을 들곤 나를 쳐다보며 웃는다.

"물 쏟지 마."

이미 몇 차례 했던 짓이다. 저 장난기가 가득 담긴 눈빛만 봐도 곧 물을 쏟으리라는 것이 예측된다.

"물 쏟지 마. 엄마 정말 화나."

아랑곳하지 않는다. 내 말이 끝나기 무섭게 물을 바닥에 쏟아버린다. 그리고 마치 수영장에 온 사람처럼 헤엄치는 시늉을 한다. 첨벙첨벙 뛰며 즐거워한다. 혹여나 미끄러져 바닥에 머리라도 박을까 싶어 재빠르게 물을 닦아 내느라 나 혼자 바쁘다. 내 속에선 태풍이 북상하는 중이다.

예전에는 쌍둥이 둘을 키워도 각자 놀았기 때문에 싸우는 일이 없었다. 옆에서 누가 뭘 하든 관심이 없었다. 하지만 이젠 사정이 조금 달라졌다. 예전에는 주변을 의식하지 않은 채 자기중심적이었다면, 이제는 주변의 모든 것까지 자기중심으로 돌아가야만 한다. 그런 아기가 둘이나 집에 있다. 매일 싸운다.

똑같은 장난감이 두 개가 있어도 남이 쥐고 있는 꼴은 못 본다. 아무리 똑같다고 이야기해 줘도 소용없다. 남의 손에 있는 그걸 가져야 한다. '내 눈에 보이는 모든 것은 내 것'이며 '내가 갖고 싶은 모든 것도 내 것'이라고 생각하는 아이가 둘이나 있다. 똑같은 것 둘이서 그러고 있으니 문제가 해결될 턱이 없다. 같은 장난감 두 개를 앞에 놓고선 싸우고 있으니 할 말이 없다. 그걸 바라보는 내 속은 뒤집힌다. 태풍이 거의 근접해 온 것 같다.

신경전 끝에 몸싸움이 일어난다. 그때부터 형제의 싸움이 시작된다. 울면서 자기가 맞은 대로 대갚음해 주기 위해 달려든다. 갑자기 머리가 지끈거린다. 그 순간 나에겐 '이것들이 정말!'이라는 비를 동반한 강한 태풍이 몰아친다.

안타까운 건 한국에는 1년에 한두 번 올까 한 오늘과 같은 태풍이 나에겐 하루에 여러 번 몰아친다. 모든 걸 휩쓸고 싶어질 때가 한두 번이 아니다. 그럼에도 불구하고 다행인 사실이 있다. 금세 바람이 잦아들고, 비가 멈춘다. 언제 태풍이 왔었나 싶을 정도로 화창하게 날이 갠다. 몇 날 며칠 비가 오거나 바람이 분 적은 없다. 태풍이 오랫동안 지속되지 않는 덕에 큰 피해 역시 없다. 눈치가 빤한 이 아기 둘은 엄마에게 몰아친 태풍을 멈추게 하는 방법도 알고 있다. '엄마'라는 또렷한 발음으로 말을 하며 나에게 와서 안긴다. 웃으면서 손을 흔든다.

'혼내지 말라는 뜻'이다. 아주 가끔 해주는 뽀뽀도 이럴 땐 쉽게 해 준다. 내 볼을 톡톡 만지며 쓰다듬는다. 태풍을 잦아들게 하는 이들만의 방법이다. 나는 이내 웃고 만다. '아! 날씨 도깨비. 같은 것들.'

아이들로 인해 불었던 태풍은 아이들로 인해 멎는다. 그리고 또다시 나의 계절은 봄이 된다. 가끔은 시시때때로 바뀌는 날씨에 적응하는 것이 힘들다. 금방 잊고 금방 웃는 아이들 옆에서 혼자 씩씩거리며 콧김을 세차게 내뿜을 때도 있다. 어른이라서 그런 것인지, 나의 마음이 좁쌀만 해서 그런 것인지. 자기성찰의 시간까지 갖게 해주니 고마워해야 하는 건가.

1년에 딱 4번만 계절이 바뀌는 한반도가 그렇게나 부러울 수 없다. 봄, 여름, 가을, 겨울 예측 가능한 순서로 흘러가는 그 예측성이 탐난다. 미리 대비할 수 있으니깐. 갑자기 시시때때로 바뀌는 날씨에 적응하기 위한 노력은 하지 않아도 되니 말이다.

나의 육아 계절은 하루에도 수 번씩 바뀐다. 순서도 멋대로다. 꽃바람 부는 봄이었다가 곧장 추운 겨울이 되기도 한다. 뜨거운 한여름 낮과 같은 시간이 이어져 오다가 돌연 선선한 가을바람이 불어와 흘린 땀을 식혀 주기도 한다. 따스함에 적응할라치면 매서운 겨울바람이 몰아치고 선선함에 기분이 좋아지려 하는 순간 여름 대낮의 뜨거움이 쏟아지기도 한다. 날씨 도깨비들의 심술이 어지간하다. 이 조그마한 아기 도깨비들에게 매일같이 휘둘리고 있는 내

꼴 역시 우습기는 마찬가지다.

아이들의 변화무쌍한 기분 변화를 보며 가끔은 그게 참으로 부럽다고 생각될 때가 있다. 어른이 되고 난 후 한 번 극에 달한 감정을 추스르는 데까지 많은 시간이 걸렸다. 아무리 떨쳐내려 해도 한번 상한 기분, 한번 우울해져 버린 마음은 쉽게 풀어지지 않았다. 온종일 어둠의 기운에 질질 끌려 다니다 일순간 잠식되어버리기도 했다.

하지만 아이들은 그렇지 않다. '이토록 흥미진진한 세상에서 슬픔에 오래 잠겨 있기란 힘든 일이지요, 그렇죠?'라고 마닐라 아주머니에게 말했던 빨간 머리 앤처럼 아이들 역시 나에게 말한다.

'그만, 그만!'

가끔은 자기 기분만 생각하는 이 두 도깨비가 얄밉기도 하지만 세상을 다 가진 듯 함박 미소를 머금고 있는 아이들을 보고 있자면 오랫동안 기분 안 좋게 있을 이유 같은 건 없다는 생각이 들기도 한다.

'그래! 이젠 그만하자. 그리고 웃자!'

## 아! 옛날이여

주말이 길다. 직장생활을 할 땐 평일보다 몇 배로 빠르게 흐르는 주말의 시간이 그렇게나 아쉬웠는데. 토요일을 채 만끽하지도 못했는데 어느새 일요일 저녁이 되어 개그콘서트가 시작하곤 했는데. 곧 월요일이 된다는 아쉬움에 이불 안에서 격한 몸부림을 치곤했는데.

아이들이 태어나고 부터는 '주말'이라는 개념을 잠시 잊었다. 24시간 붙어 있는 아이 때문에 휴일 이란 게 없었으니깐. 평일과 주말을 굳이 나눌 이유가 없었다.

아이들이 어린이집에 다니고 나서부터는 주말보다 평일을 더 좋아했다. 잠시나마 혼자 있을 수 있었으니깐. 내 평생 '월요일'을 기다리는 일 따위는 없을 거로 생각했는데 '엄마의 주말'을 보내고 나면 그렇게나 '월요일'이 반가웠다.

이번 주말은 더욱이 길 것 같다. 태풍으로 바깥을 나갈 수 없게 되었다. 밖에서 반나절씩 뛰어놀던 아이들에겐 집에서 온종일 지내야 한다는 것은 청천벽력 같은 소식일 테지. 나가고 싶어 몸부림치는 아이와 내도록 집에 있어야 하니 나에게도 주말은 길고, 길다. 밖에 나가고 싶다며 창문에 붙어서 칭얼대는 아이에게 "비가 와서 오늘은 안 돼. 못 나가."라는 엄마의 이유 있는 거절은 받아들여지지 않는다. 무조건 나가야겠다며 내 다리를 붙들고 울고 있다.

'네 눈엔 세차게 내리는 비가, 뽑힐 듯한 나무가 보이지 않니?'

'하, 오늘 하루도 길겠다.'

그래도 한가지 다행인 건 오늘은 남편이 집에 있다는 사실. 아이를 낳고 나선 '나만의 당신'에서 '육아 동지'가 된 나의 남편. 아이를 돌보는 기술이 엄마인 나만큼 좋은지라 육아 동지로 전혀 손색없는 나의 파트너다.

아이들과 '놀아주는' 것이 힘들다고 말하는 나에게 그냥 함께 '놀면' 된다고 말하는 그야말로 친구 같은 아빠이기도 하다. 가끔은 내가 세쌍둥이를 낳았나 싶기도 하고…….

주말이라고 늦잠 자는 법도 없이 새벽 6시부터 하루를 시작하는 쌍둥이의 일과에 맞춰 우리 부부도 하는 수없이 부지런히 움직였다.

책상 위에 올라가는 아이에게 위험하니 내려오라는 잔소리를 백만 스물두 번쯤 하고 친구를 때리는 건 안 된다는 경고를 그보다 더 많이 했다. 아이들이 지겹지 않게 같이 춤도 춰주고, 잡기 놀이도 해 주었다. 장난감 놀이는 물론이거니와 직접 놀이기구가 되어 고객 만족을 위해 이 한 몸을 불살랐다.

아침, 점심, 저녁부터 간식까지. 주방 역시 불 꺼질 틈 없이 바쁘다. 주말이 힘든 이유 중 하나가 '밥 지어 먹이기'를 세 번이나 해야 한다는 것이다. 밥을 '짓는' 것보다 '먹이는' 것이 더 힘들다. 뭐든 팍팍 먹어주기만 한다면 다섯 끼도 차려 줄 텐데. 힘들게 밥을 차려줬는데, 아쉬운 소리까지 해야 한다. 어르고 달래며 아이 밥을 먹이고 나면 진이 쭉 빠진다. 남편 역시 마찬가지다. 아이가 둘이니 누구 하나 쉴 수 없다. 1 어른 1 아이. 가차 없다.

거실 바닥에 흩뿌려져 있는 장난감을 발로 쓱쓱 한 구석으로 밀어내고 있다가 남편과 눈이 마주쳤다. 누가 먼저랄 것도 없이 동시에 고개를 절레절레 흔든다.

'콜!'

남편은 간절한 눈빛을 내게 보낸다. 나라고 다르지 않다. 마지막 히든카드인 TV를 켠다. 엄마 다리, 아빠 목에 매달려 있던 두 아이는 TV가 켜지는 알림음을 듣자마자 재빠르게 소파로 가서 앉는다.

'에라, 이것들아! 제발 좀 앉아보라고 엄마, 아빠가 애원할 땐 들은 척도 하지 않더니.'

약간의 배신감과 아주 큰 편안함을 느낀다. 라면 한 그릇 먹을 시간이 생겼다. 아침도 제대로 못 먹은 우리 부부에겐 그야말로 절호의 기회다.

"비가 오니깐 김치 라면을 먹자!"

내 말에 남편이 격하게 동의를 한다.

"좋아. 좋아. 무조건 좋아."

비가 오지 않았어도 라면을 먹었을 테다. 후다닥 끓여서 후루룩 먹으면 그만이니 육아 중인 우리에게 더없이 좋은 메뉴다. 신 김치와 양파를 썰어 넣고 마지막에 고춧가루를 휘리릭 얹어 끓인 라면이다. 국물을 한 숟가락 떠먹으면 '캬!' 하는 감탄사가 절로 나오는, 누구나 아는 그 맛.

우리 부부가 신혼 시절부터 즐겨 해 먹던 음식이기도 하다. 라면을 특히 좋아하는 나 때문에 남편도 덩달아 자주 먹었다. 매번 건조한 말투로 '맛있어'라고 하며 먹더니, 이번엔 손가락까지 치켜세우며 고개를 연신 끄덕인다. 라면 한 젓가락을 후후 불어 호로록 빨아 당겨먹는데 그 순간 이선희의 '아! 옛날이여.' 노래가 떠올랐다. 추억이 깃든 라면을 먹었기 때문에 신혼 생활이 떠오른 건지, 지금 상황에서 벗어나고 싶어서 '아 !옛날이여'가 무의식적으로 입에서 나온 건진 모르겠지만 우리 부부의 대화는 자연스레 '신혼 시절'로 흘러갔다. 신혼 생활을 했던 때가 수십 년이나 된 듯 아득하게만 느껴진다.

"여보, 이거 먹고 소파에 누워서 TV 보고 싶다. 우리 둘이 살 땐 그게 순서였는데."

"오늘 같은 날에는 특히 더. 비 오는 날엔 원래 아무것도 안 하고 누워 있는 게 진리인데."

노래를 흥얼거리니 언제나 그랬던 것처럼 남편은 재빨리 블루투스로 이선희의 명곡을 틀어준다. 김치 라면과 이선희 노래 그리고 비. 기막힌 조합. 거실 소파에서 TV를 보고 있는 아이들이 어쩐지 다른 세계에 있는 듯 아득하게만 느껴진다.

목구멍까지 육아로 찌들어 있던 나는 큰소리로 노래를 부르며 라면을 먹었다. 그 순간만큼은 김치 라면을 끓여 먹고 소파에 누워 뒹굴뒹굴하던 그때 그 시절로 돌아간 것만 같았다. 추억을 같이 회상할 수 있는 사람이 곁에 있다는 것만으로도 힘이 된다. 내가 보냈던 그 세월에 '그래! 맞아.' 하고 맞장구쳐줄 사람이 옆에 있다는 것, 그 자체가 기쁨이다. 이럴 때면 오랜 시간을 '함께' 한 것이 참 고맙다. 추억에 완전히 잠기게 한 '아! 옛날이여.' 가 끝나고 그다음 노래가 나왔다.

처음 듣는 노래다. 하긴 아는 곡이 몇 곡 없긴 하다. 멜로디도 좋고 가사도 쉬워 처음 들었지만, 흥얼흥얼 따라 불렀다. 제목이 무얼까 싶어 남편에게 물었다.

"이 노래? 몰라? 한바탕 웃음으로."

그때부턴 남편의 옛이야기가 흘러나온다. 겨우 네 살 많지만, 남편이 대학생이었을 때 나는 중학생이었으니 뭐, 차이가 아예 없다고 할 순 없다. 그렇게 남편의 소싯적 이야기가 시작되었다. 라면을 먹으며 한참을 이야기 나눴다. 시시콜콜하고 사소한 이야기가 전부지만 우리는 늘 그런 이야기에 기쁨을 느끼곤 하니깐. 그 순간 TV에 몰입하고 있던 첫째가 우릴 가만히 본다. 그러곤 달려와 엄마, 아빠 근처에서 나오는 노랫소리에 엉덩이를 흔들며 춤을 춘다. 아, 귀여워. 아이의 귀여운 춤을 보고 어떻게 현실로 유턴을 하지 않을 수 있을까. 덕분에 추억에 폭 잠겨 있던 우리 부부는 한바탕 크게 웃으며 급하게 현실로 돌아왔다.

"여보, 우리 언제 애를 둘이나 낳았냐."

"그러게. 귀여운 것들."

"애들이 없던 그때로 돌아가고 싶어?"

"처음부터 없었다면 모르겠지만 있다가 없는 건 좀……. 지금이 더 좋아. 아직은."

이선희는 한바탕 웃음으로 모른 척하기엔 이 세상 젊은 한숨이 너무 깊어 어린 시절을 꿈꾸고 싶다고 했지만 우리 부부는 아이들과 함께하는 지금이 힘들긴 해도 예전으로 돌아 가고 싶진 않다. 힘든데 좋은……. 육아만이 가진 이상하고 묘한 중독성.

세월이 조금 더 지나면 예전으로 돌아가고 싶어지려나 모르겠지만, 가능하다면 이 중독성에 오래오래 취하고 싶다.

꽃이 보여주는 건 아름다움 자체가 아니라, 아름다움은 그토록 빠르게 사라진다는 사실이라고 말한 어느 작가의 글이 떠오른다. 순식간에 지나가 버리고 마는 '순간'이라는 시간.

지나간 그 시절이 그리운 건 그때 그 순간은 절대 다시 돌아오지 않는다는 걸 알고 있기 때문이겠지. 순간을 붙잡을 방법 같은 건 이 세상 어디에도 없기에 우리는 그저 지금 이 시간을 만끽하는 수밖에.

# 아름다운 일상을 위하여

벌써 14년째다. 10년이면 강산도 변한다는데, 남편과 나는 14년째 변치 않고 함께 하고 있다. 여기서 '변치 않았다'라는 말은 여전히 격렬하고 뜨겁다는 뜻이기 보단, 아직까진 깨지지 않고 붙어살고 있다는 뜻에 더 가깝겠다.

내가 21살, 남편이 25살. 생각만으로도 아련한 20대 초반, 남편과 나는 아르바이트하면서 처음 만났다. 9년이라는 긴 연애를 하며 싸우고 헤어지고, 붙었다 떨어지길 몇 차례 반복했지만 그러한 시간보다 훨씬 더 많은 시간을 서로를 위하고, 아끼고, 사랑하며 지냈다.

아이가 없었던 신혼 시절은 연애를 하던 때와 다르지 않았다. 3년 정도 아이 없이 지내며 연애보다 더 연애 같은 결혼생활을 했다. 늦은 밤 아쉬워하며 집으로 돌아갈 일도 없고, 부모님 눈치를 보며 외박하지 않아도 된다. 우리 마음 가는 대로 즐기며 살았다.

신혼 시절엔 남편이 쉴 때면 어디든 떠났다. 가까운 경주부터 먼 강원도까지. 이것이 정령 신혼부부만이 누리는 특권이라 여기며 상황만 주어지면 차를 타고 달렸다. 최선을 다해 놀았고, 열심히 서로를 사랑했다. 언제까지나 자유롭게 살 줄 알았던 우리의 생활이 바뀌기 시작한 건 역시, 아이를 낳고 나서부터였다.

우리가 누리던 신혼부부의 특권은 출산과 동시에 사라져 버렸다. 아이를 무척 갖고 싶었기에, 신혼부부의 특권이 사라진 것에 대한 아쉬움은 크게 없었다. 그 모든 특권보다 아이를 키우는 삶이 그 당시 나에겐 훨씬 간절했으니깐. 아이가 없던 시절처럼 자유롭진 못해도 우리의 관계가 달라지진 않을 거로 생각했다.

과감히 포기한 신혼의 특권 안에는 '자유로운 생활'과 함께 '활발한 연애 세포'까지 포함되어 있었다는 사실을 쌍둥이를 낳고 한참이 지난 후에야 눈치챘다. 연애하는 것처럼 살면서 아이까지 키울 수 있을 거라는, 지금 생각해 보면 무모한 기대를 품고 있었다.

처음엔 남편과 나의 연애 세포가 줄어들고 있다는 사실조차 인지하지 못했다. 쌍둥이 현실 육아 앞에서 매일 생존을 위한 사투를 벌여야 했기 때문에 그런 것을 생각할 틈이 없었다. '나만의 그대'는 자연스럽게 '육아 동지'가 되어 있었다.

"여보! 조금만 참아. 곧 애들이 잘 시간이야. 힘내!"

'사랑의 속삭임' 보다 '건투'를 비는 날이 늘어갔다. 눈빛과 고갯짓으로 대화하는 순간이 많아졌다. '말하지 않으면 몰라!'라고 외치며 토라지곤 했던 깜찍함은 어디로 사라진 걸까.

이젠 '말 안 해도 알아서 눈치 좀 채 봐' 그러고 있다. 당시엔 아이 둘을 보는 일만으로도 벅찼던 나머지 우리가 '현실 부부'가 되어간다는 걸 깨닫지 못했다. 다정한 손길로 서로를 품어 주곤 했는데, 언젠가부터 상대방의 등을 툭툭 두드리며 메마른 격려의 손길만 나누고 있었다.

아이를 키우는 것이 익숙해질 때쯤 불현듯 '어?' 하고 멈칫거리게 되는 순간이 찾아왔다. 기분이 살짝 나쁜 데 기분이 나쁘다고 말하면 유치하고 이상한 것 같은, 그러한 순간이 하나, 둘 생겨나기 시작했다.

결혼하기 전부터 늘 하던 말이 있다.

"무슨 일이 있어도 한 침대에서 자자."

어느 날, 어떠한 사건으로 부부 싸움이 벌어져도 잠은 한 침대에서 잤다. 그게 우리 부부의 약속이었으니깐. 아이를 낳고도 한동안은 그렇게 지냈다.

아이는 아이의 침대에서, 우리는 부부 침대에서. 하지만 아이가 조금 크고 나니 잠을 잘 때 엄마, 아빠를 찾기 시작했다. 엄마의 손길이 없인 잠을 자려 하지 않는 둘째와 아빠가 곁에 있어야 칭얼거리지 않고 잠을 자는 첫째. 우리가 살려면 따로 자는 수밖에.

견고한 줄로만 알았던 지난날 약속은 종이 탑처럼 무너지고 말았다. 남편은 첫째와 부부 침대에서, 나는 둘째와 아이 침대에서 서로를 끌어안고 잤다. 따로 자는 부부를 보며 '어쩜, 저럴 수 있지?'라고 생각했는데, 내가 그러고 있을 줄이야. 덩치 큰 성인 둘이 한 침대에 자는 것보다 작은 아기를 끌어안고 자는 게 훨씬 더 편안하다고 생각하다니. 적잖이 당혹스러웠다.

'우리도 별수 없구먼.'

아내로서의 로망이 있었다. 출근하는 남편 뒤를 졸졸 따라가 현관 앞에서 뽀뽀와 포옹으로 인사를 나누는 것. 한동안 그렇게 해 왔다. 언제나 아침은 여유로웠으니깐.

하지만 이제 출근 인사는 두 아이가 대신한다. 정신없이 바빠진 아침, 남편도 나도 서로를 마주 보고 인사를 할 틈 같은 건 없다. 틈이 없어진 건지, 우리가 없애버린 건지는 모르겠지만……

보통 나는 아침 식사 설거지를 하거나 아이가 어질러 둔 무언가를 수습하고 있고, 그 사이 남편은 후다닥 출근 준비를 해 서둘러 현관으로 나가는 게 일상이 되었다. 메아리처럼 서로에게 인사를 한다.

"여보보보~~~ 나, 가!"

"어, 가~~!"

처음엔 바쁜 시간이라 어쩔 수 없다고 여겼는데 아들과는 "아빠, 다녀올게. 잘 놀고 있어. 뽀뽀!" 꽤 긴 인사를 하고 나가는 것을 보니 그게 아닌 것 같기도 하고……. 아이들과 인사하는 남편을 흘깃 째려보게 된다. 나 역시 고무장갑 벗을 생각은 하지 않으면서 말이다.

외출 시엔 꼭 손을 잡고 다녔다. 하물며 차를 타고 있을 때조차 손을 잡고 있었다. 남편은 왼손으로는 운전을 하고, 오른손으론 나의 손을 잡아 주었다. 늘 그래왔다. 하지만 이젠 차 안에서 의식적으로 '아! 우리 손 한번 잡아볼까?' 하지 않고서야 손끝이 스칠 일도 잘 없다. 이동하는 차 안에서 아이들이 보채는 건 참 곤욕스럽다.

아이들의 기분을 맞춰주기 위해서는 나의 두 손과 남편의 한 손이 필요했다. 열심히 손뼉을 치며 동요를 불러주는 엄마의 두 손과 아이들이 좋아하는 노래를 선곡하고, 차 안의 온도를 맞추고, 또 가끔 백미러를 통해 손을 흔드느라 바쁜 아빠의 한 손. 차에서 내려서 조차 첫째는 아빠의 손을, 둘째는 엄마의 손을 잡고 걷는다. 넷이 손을 잡고 가도 되겠지만 네 명이 손을 잡고 가면 다른 이들의 통행에 불편을 주게 된다. 운동회 때조차 '2인 3각'으로 게임 하는데 굳이 길거리에서 '4인 5각'을 할 필요가 없는 건 자명한 사실이기도 하고.

어쩔 수 없다. 아이와 함께 잠을 자고, 아이를 먼저 돌보고 또 아이의 손을 더 많이 잡아주는 것. 모든 일상이 아이에게 맞춰진 채 돌아가는 걸 막을 방법은 당분간 없다. 이 조그마한 아이는 부모의 손길이 절실히 필요하다. 우린 어느새 부모가 되어버렸고. '현실 부부', '육아 동지'가 되어 아이를 보살피느라 서로에게 예전만큼 다정스럽지 못하게 된 현실은 충분히 이해한다. 하지만 마음 한구석이 어쩐지 섭섭해진다. 어떠한 조처를 하기엔 애매한 씁쓸함.

어제 아이를 어린이집에 보낸 후 어깨 결림을 호소하던 남편과 병원을 다녀왔다. 남편은 운전을, 나는 차창 밖을 바라보고 있는데 라디오에서 반가운 노래가 흘러나왔다. 신혼 시절, 여행을 갈 때마다 항상 들었던 곡, '예술이야.' 순간 병원에서 돌아오는 그 길이 여행길처럼 느껴졌다. 아무렇지도 않아 보였던 바깥 풍경이 순식간에 예술이 되었다.

여름날의 투명한 햇볕과 선명하게 푸른 하늘, 햇볕을 머금고 있어 반짝반짝 아름다운 바다와 그 바다 위를 유유자적 떠다니는 배. 몇 대 없는 차와 뻥 뚫린 도로. 아, 떠나고 싶어라.

"어딘가로 떠나는 중이라면 얼마나 좋을까?"

"이 노래 들으니깐 옛날 생각이 마구 난다. 서로만 바라보던 그때."

나의 들뜬 중얼거림을 가만히 듣고 있던 남편이 내 손을 꼭 잡아 주었다. 그리곤 말한다.

"우리 지금 애들 데리러 가."

"어……."

쎅은 두부를 한입 베어 문 것 같은 표정의 나를 보고선 남편은 뭐가 그리 웃긴지 한참을 웃는다. 투덜대는 표정이 귀엽다는 말을 하면서. 남편이 늘 내게 하는 말이 있다.

"애들 다 키워 놓고 둘이 놀러 실컷 다니자."

"나는 애들보다 네가 우선이야."

평소에 하는 짓을 보면 나보다 애들이 우선인 것 같지만 그러한 말에 기분이 좋아진다. 애들에겐 입술을 어디까지 내밀고 뽀뽀를 하면서도 나에겐 하는 듯 마는 듯, 결국 내가 먼저 뽀뽀를 하게끔 만들지만 기운 없이 있는 날엔 어김없이 나를 꼭 끌어안고선 한참을 그렇게 있어 준다.

아이들의 재롱에 껄껄 넘어가다가도 말보다 손이 먼저 나가는 어린 아이가 엄마를 때리기라도 하는 날엔 멋모르는 그 아이를 무섭게 야단쳐 준다. 나중에 여자친구를 챙긴다고 엄마는 안 챙겨줄 거라는 아들 둘 가진 엄마의 볼멘소리에 재들이 뭐 필요하겠냐고, 늙으면 둘이서 하고 싶은 거 다 하며 살자, 말해주기도 한다.

연인에서 부부가 되고, 부부에서 부모가 되었다. 달콤하고 뜨거웠던 사랑은 어느새 그 모습이 바뀌었다. 의리와 책임감, 그리고 결속력으로 뒤섞인 담박한 사랑으로. 서로에게만 향하던 사랑표현 또한 아이에게로 모조리 흘러간다. 많은 순간, 아이에게로. 때때로 그러한 모든 것에 씁쓸해지고야 만다.

예전 그 시절이 아쉽고, 그리워 가끔 뒤돌아보게 된다. 하지만 잘 알고 있다. 추억의 힘은 딱 거기까지 라는 것을. 추억이 잠시 나를 그 시절로 돌아가게 만들어 줄 수 있을 진 모르겠지만 현재를, 일상을 아름답게 바꿔주진 못한다. 과거의 예쁜 추억에 빠져 그때 그 기분을 잠시 떠올릴 순 있어도, 그것 역시 잠시일 뿐. 추억만 좇으며 사는 건 마치 환영을 좇는 것과 같다. 살아 있는 것이 아니다. 투덕거리고 째려보고 가끔은 진지하게 싸울 때도 있지만 당장 내게 주어지는 기쁨과 행복, 즐거움과 같이 살아있는 감정은, 역시 일상 안에서만 찾을 수 있다. 특별함과 소중함 또한 지금 이 순간에 퐁퐁 새로이 샘솟는다.

어차피 돌아갈 수 없는 과거고 추억이다. 추억은 추억일 때 가장 아름다운 법. 추억에 잠겨 일상을 초라하게 만드는 건 슬프기 짝이 없다. 지금 이 순간 역시 추억이 되고 있지 않은가. 예쁘고 소중한 추억을 계속 간직하며 살고 싶다면 지금을 잘 살아야 한다는 생각이 든다.

남편과 나의 늘그막이 아름다울 수 있게 일상 속 행복을 발견하며 살아가야겠다. 예쁜 추억을 가득 간직한 할머니, 할아버지가 될 수 있도록 지금의 아름다움을 놓치지 말아야겠다.

현재를 잘 사는 것만큼 삶을 풍요롭게 만들 수 있는 방법도 없으니깐. 그것이 결국 아름다운 추억을 간직하는 방법일 테니깐.

# 슬기로운 육아를 위하여

손바닥으로 아이의 이마를 한 대 때리는 순간, 정신이 번쩍 들었다.

'나 지금 뭐하냐.'

'하…….'

오늘 저녁 식사시간에 일어난 일이다. 언제나 그러하듯 차리는 것보다 먹이는 게 더 힘든 식사시간. 소고기구이와 미역국이 저녁 메뉴였다. 소금으로 간을 한 소고기구이는 아이가 좋아하는 메뉴. 둘 다 허겁지겁 소고기부터 먹는다.

"밥이랑 같이 먹어."

손에 밥이 올려 진 숟가락을 쥐여 주었다. 가만히 두면 밥은 그대로 남기기 일쑤니깐. 특히 밥을 잘 먹지 않는 둘째는 종일 밥을 안 줘도 아쉬워하는 법이 없다. 밥 시간만 되면 요주의 인물이 되고 만다.

첫째는 밥을 잘 먹는 편이다. 뭐니 뭐니 해도 밥이 최고인 첫째와는 식사시간은 즐겁다. 작은 아기 숟가락에 밥을 한껏 떠서 입을 벌릴 수 있는 최대한 쩍 벌린 후 숟가락을 밀어 넣는다. 오물오물. 입 밖으로 튀어나온 음식을 손가락으로 야무지게 밀어 넣어가면서 먹는 그 모습을 보기만 해도 미소가 절로 지어지고, 기운이 솟는다.

오늘도 그랬다. 오후에 집 앞에서 물놀이를 하며 체력을 많이 소진했던 탓인지 밥을 제법 많이 먹었다. 내가 준 음식을 거의 다 먹고 둘째의 밥을 몇 숟갈 더 빼앗아 먹었으니. 금방 밥을 다 먹었고 자리에서 일어났다.

"잘 가, 재미있게 놀아."

하지만 문제는 둘째다. '밥'만 싫어한다. 나의 따가운 눈빛과 차가워진 공기에 하는 수없이 몇 숟갈 겨우 먹는다. 밥 빼고 다 잘 먹긴 한다. 하지만 밥을 먹지 않고 반찬만 먹는 것이 엄마로서 탐탁지 않다. 밥을 먹어야 힘이 생길 것만 같다. 자라면서 엄마에게 늘 듣던 말이었다.

'밥을 먹어야 힘이 나지!'

내가 엄마가 되고 나니 아이에게 그 소리를 똑같이 하고 있다.

"안 돼! 반찬만 먹는 건."

늘 반찬만 먹는 아이에게 잔소리처럼 하는 말이다.

"밥도 같이 먹어."

밥을 먹기 싫어 입을 꾹 다물고 엄마의 눈치만 살피는 이 녀석. 가뜩이나 힘든 식사시간을 더욱이 힘들게 만드는 녀석이다. 오늘도 그랬다. 둘째는 소고기구이부터 공략했다. 아이에게 밥을 떠서 손에 쥐여 주었다. 맛있는 반찬을 먹을 때면 엄마가 손에 억지로 쥐여 주는 밥을 그나마 조금은 먹는다. 협박이 조금은 통한다.

"밥 안 먹으면 식판 치울 거야."

문제는 밥 한 그릇을 다 먹을 때까지 협박이 유효하지 않다는 점이다. 이내 그만 먹겠다는 신호를 보낸다. 입을 앙다물고 고개를 흔든다. 의자에서 빼 달라고 아우성친다. 조금만 더 먹고 일어나자고 회유를 한다. '착하지, 착하지.' 어르고 달랜다. 마음 같아선 확 굶기고 싶은데, 조그마한 아이의 반짝이는 눈을 보면 언제나 마음이 약해지고 만다.

"국이랑 밥이랑 조금만 더 먹어. 그래야 힘이 생기지."

내 말을 가만히 듣더니 웬일로 숟가락을 다시 든다. 밥을 가득 떠선 국에 넣길래 곧 먹겠거니 생각하며 지켜보았다. 두 손을 국그릇에 집어넣고 밥을 빨래 빨듯 주무른다.

'그럼 그렇지. 순순히 먹을 리 없지.'

'아, 혈압 올라.'

"먹는 거로 장난치지 마."

손을 닦아 주며 이야기했다.

"숟가락으로 떠서 먹자."

장난을 칠 때 국이 넘쳐흘러 식탁도 식판도 엉망이 되었다. 국을 조금 더 떠서 식판을 아이 앞으로 내리는 그 순간 아이가 숟가락으로 식판을 쳤다. 내가 식판을 꽉 쥐고 있지 않았기 때문인지, 식판은 그대로 바닥으로 엎어졌다.

"다 쏟아졌잖아!"

순간 짜증 섞인 큰 소리를 내고 말았지만 깊은 호흡 한 번에 금세 평정심을 되찾았다. 아이가 크고 난 후 이러한 상황은 숱하게 일어났고 인내의 힘을 조금씩 길러낼 수 있었으니깐.

'그럴 수 있어. 숟가락으로 쳤긴 했지만 내가 식판을 꽉 잡고 있었더라면 아

무 문제없었을 수도 있잖아.'

의기소침해진 아이를 보고 있자니 이내 마음이 풀어진다. 부글부글 치솟던 화가 잠시 멈췄다.

"엄마가 다시 밥 떠줄게."

거기서 그만해야 했다. 밥을 먹고 싶어 하지 않는다고 생각하고 정리해야 했다. 하지만 나는 그러지 않았다. 밥을 다시 떠서 아이에게 내밀었다. 어쩌면 내 속을 부글부글 끓게 만든 요 녀석에 대한 약간의 복수였는지도 모르겠다. 아니, 복수였다.

'끝까지 먹일 거야.'

안 먹겠다는데 자꾸 밥을 밀어주는 엄마와 먹을 만큼 다 먹었으니 이젠 그만 먹겠다는 아들. 이때부턴 누가 이기나 해 보자는 식이다.

결론부터 말하자면 내가 졌다. 식판을 받은 아이는 밥을 떠서 바닥에 던져버렸다. 그 순간 화를 참지 못하고 아이에게 손을 올렸다. 손바닥으로 이마를 한 대 때렸다. 아이도, 나도 놀랐다. 맞은 게 아프고, 억울한지 나에게로 손을 뻗어 때리는 시늉을 한다. 그 모습을 바라보며 한숨을 쉬었다. '이게 뭐 하는 짓이야. 대체.' 아이를 향해 소리쳤다.

"너, 가!"

내가 이렇게나 졸렬한 어른이었다니. 도대체 무엇을 위한 일인가.아이를 때리는 순간 느꼈다. 아이에게 고작 복수나 하는 치졸한 어른이 되어버렸다는 걸. 이러한 상태로 억지로 먹은 밥이 아이에게 도움이 될 리 전혀 없을 거란 걸. 괜히 아이와 사이만 나빠졌다는 걸. 아이는 몇 번이나 내게 이야기했다. 그만 먹겠다고. 그 요구를 무시한 건 나였다. '더 먹어야 해.'

처음엔 조금 더 먹이고 싶을 뿐이었다. 순전히 '엄마의 마음'으로. 언제 '어른의 권위'로 바뀐 건지. 밥을 주무르고, 쏟고, 버리는 것을 보며 '어라? 이게 내 말을 무시하네?' 생각했다. 무시가 아니라 아이 나름의 의사 표현이었을 텐데……. 아이에게 '가!'라고 소리쳐 놓고 쏟아진 음식을 치웠다. 흘린 밥과 국을 닦는데 마음이 무척 무겁다.

아무리 생각해도 '혼'이 아닌 '화'를 낸 것 같다. 후회가 되는 걸 보니, 마음이 쓰이는 걸 보니 그러지 말았어야 했는데 싶다. 아이를 다시 불렀다. 아이는 이미 내 주변에서 이러지도 못하고 저러지도 못한 채 울고 있다.

아이의 잘못에 대해, 그리고 엄마인 나의 잘못에 대해 이야기 했다. 아이는 고개를 끄덕인다. 밥을 먹지 않아서 그랬다는 건 핑계다. 밥을 먹지 않고 버티는 아이를 보며 약이 올랐다는 게 훨씬 더 정확한 표현이다. 내 뜻대로 되지 않는 상황 속에서 결국 본질을 잃어버렸다. '밥을 먹지 않으면 힘이 없잖아.'가 어느샌가 '네가 나를 무시해? 절대 그냥 안 넘어가!'로.

복수가 되어버렸다. 품위 있는 엄마가 되는 것이 이토록 어려울 줄이야. 아이와 함께 생활하다 보면 이따금 나의 밑바닥이 종종 드러난다. 보고 싶지 않은 깊숙하고 음침한 그곳이. 그때마다 바닥 구석에 쪼그려 앉아 한참을 후회한다. 아이를 때렸던 그 순간부터 화는 나에게 났다. 내가 이 정도밖에 안 되다니. 3살 아이를 두고 34살 어른이 감정적으로 화를 내는 꼴이 우스워 한숨밖에 나질 않는다. 아이와 나 사이에 놓인 31년의 세월이 아주 부끄러워진다. 품에 가만히 안겨 있는 아이는 엄마의 얼굴을 토닥토닥 어루만진다. 미안하다는 뜻이려나. 그렇게 우리는 서로에게 안겨 차가워진 마음을 녹였다.

그런 말이 있다. 아이가 3살이면 엄마도 3살이라는 말. 아이의 나이에 맞춰 엄마도 자라고 있다는 말……. 너무 잘하려고 하다 보면 몸과 마음이 버거워지는 순간이 찾아오게 마련이다. 잘 해내고 싶다는 그 마음이 내 한계를 넘어서는 순간 복수, 치졸함, 치사함, 서운함, 억울함……. 과 같이 빛이 바래고 만다. 변질하고 만다. 누구보다 잘 키워내고 싶었는데, 잿빛 감정에 그만 주저앉게 된다.

나는 아직 3살이다. 엄마 나이 3살이면 가야 할 길이, 배워야 할 것이, 참아내야 할 순간이 한참이나 더 남았다는 뜻이기도 하다.

마라톤 대회에 나가서 100m 달리기를 하는 꼴이다. 결승선에 무사히 도달하는 게 목표였다는 걸 어느새 잊고 1등이 욕심나 전력 질주를 해버리는 그런 꼴. 결국 결승선 근처에 가지도 못한 채 힘이 다 빠져버리게 된다.

초반에 너무 잘하려고 애를 쓰다 보면 가야 할 길의 반도 못 가서 지쳐버릴지도 모른다. 내가 해낼 수 있는 한계 안에서 최선을 다하는 것이 중요할 때도 있다. 살면서 한계를 넘어서는 도전을 해야 할 때도 있겠지만, 그게 육아일 필요는 없다는 뜻이다. 가끔은 모르는 척 내버려 두어도 된다. 하나부터 열까지 애태우고 속 끓이며 키우지 않아도 된다.

그것이 길고 긴 육아를 대면하는 엄마의 지혜일지도 모른다. 여백의 미는 아이와 부모 사이에도 필요하다. 그 여백이 관계를 더욱 짙고, 깊게 그리고 아름답게 만들어 줄 테니. '여기까지!' 하고 한발 물러서는 것. 슬기로운 엄마의 태도임은 틀림없다.

오늘도 반성으로 하루를 마무리한다. 살면서 이렇게 매일 같이 반성한 적은 없었는데. 엄마 노릇은 참말로 어려운 일이 확실하다.

# 지금 이 순간

"우리 애가 쌍둥이만할 땐 힘만 들었어요. 그땐 예쁘다는 생각도 못 했어요. 지금 쌍둥이 보니깐 너무 예뻐요. 우리 애도 이만할 때 예뻤을 텐데 왜 그걸 몰랐을까요."

우리 집에 놀러 온 동서가 쌍둥이를 보며 이야기한다. 조카가 지금 일곱 살이니깐 우리 아이들만 할 때를 따져보면 딱 4년 전이다. 그 시절 동서는 딸 아이를 키우는 게 무척 힘들었다고 했다. 직장을 다니며 아이를 키우고 있었다. 거기에 해도 해도 끝나지 않는 살림까지 더해지니 삶에 여유가 없었다. 아이의 예쁨을 발견할 여유 같은 건 그 시절 동서에겐 없었다. 먹고살기 바빴다고 했다. 먹고사는 일에 육아까지 더해지니 그야말로 생지옥이 따로 없었다. 아이는 예뻤지만, 아이와 함께 사는 삶은 힘들었다. 게다가 주위를 둘러봐도 본인만큼 힘들게 아이를 키우는 사람은 없는 것 같다고 했다. 그러한 생각이 더해져 삶이 흔들리기 시작했다.

마음이 무너져 버렸는데, 행복 같은 게 보일 리가. 아이의 미소가 사무치게 예쁠 리가. 그때가 가장 예쁜 시절이라는 걸 이제야 알게 되었다고, 만약 그 시절로 되돌아간다면 정말 예뻐하며 키울 수 있을 거라고 이야기한다. 그런데 어쩌나. 이 야속한 시간은 결코 되돌아가는 법이라곤 없으니.

우리 어머니가 손주를 보며 종종 하시는 이야기가 있다.

"나는 저 때 어떻게 애를 키웠는지 생각도 안 난다. 그냥 힘들기만 했지 예쁜지도 몰랐어."

이렇게 예쁜데 왜 그땐 그걸 몰랐는지 모르겠다며 의아해하신다. 동서도, 어머니도 아이를 정말 예뻐하지 않았을까. 아마 그 누구보다 자신의 아이를 사랑하며 키웠을 게 분명하다.

조카가 세 살 때 '너무 예뻐 죽겠어요. 형님!' 하며 조카를 바라보던 동서의 말과 눈빛을 나는 기억한다. '동네 사람들이 내 애 만질까 봐 피해 다녔다.'라는 어머니의 후일담이 그걸 증명해 준다.

지나간 시간에 대한 아쉬움이리라. 결코 채워지지 않을, 누구나 갖게 되는 아쉬움. 나 역시 벌써 사무치게 그리워진다. 손수건 하나로 온몸이 덮이던 그때가 아련해 사진첩을 몇 번이나 뒤져 본다. 아이의 돌 영상을 보며 발을 동동 구르기까지 한다.

'아! 진짜 저 때 너무 귀여웠구나.' 생각하며.

지나간 시절은 결코 되돌아올 수 없다는 걸 알기 때문에 생기는 짙은 그리움이리라. 흘러간 세월은 그렇게 모든 걸 '그리워' 하게 만드는 힘이 있다. 그때의 나, 그때의 우리, 그때 그 시절……. 하지만 우린 앞으로 나아가는 수밖에. 내게 주어진 삶을 살아가는 수밖에. 마음에 남은 '그리움'을 발판삼아 내 삶을 더욱 충실히 감싸 안는 수밖에.

그리워 한다는 건 되돌아가고 싶다는 뜻이기도 하다. 되돌아가고 싶은 이유는 그 시절을 무척 사랑했기 때문이겠지. '후회스러움' 이 아닌 '그리움' 이라는 말엔 애틋한 미련이 묻어 있으니 말이다.

'아모르 파티', 네 운명을 사랑하라. 사랑해야 한다. 지금을, 나를, 그리고 우리를. 그것이야말로 흘러버리고 마는 시간을, 순간이라는 그 애틋한 시간을 살아가는 우리에게 주어진 사명이리라. 그것은 농도 짙은 행복의 한 형태이기도 하리라. 아이를 낳아 키우다 보면 몹쓸 상상들이 나를 괴롭힌다.

'만약 아이를 낳지 않았더라면.'

'누군가처럼 돈이 많아 힘들이지 않고 육아를 할 수 있다면.'

'요즘 대세라는 혼족의 삶을 살았더라면' 등등.

하지만 그 어떤 삶도 완벽할 순 없다. 그 삶은 그 나름의 고민과 고난이 있을 것이 분명하다. 게다가 누가 등 떠밀어서 결혼하고 아이를 낳은 것이 아니다. 순전히 나와 남편의 선택으로 부부가 되었고 부모가 되는 삶을 택했다. 우리의 선택을 옳은 선택으로 만드는 일 역시 우리가 해야 할 일이다.

아이를 키우는 일을 오직 힘든 일로 바라보고 있다면 결코 그 순간은 보배로울 수 없다. 내게 처한 현실을 부정적으로 바라본다면, 남이 가진 삶을 부러워만 한다면 결코 그 안에서 '행복'을 발견할 수 없다.

세월이 한참 흘러 '아, 그땐 그걸 몰랐네.' 후회하게 될 뿐. 그러니 오직 이 순간에 온 마음과 정성을 쏟아붓자. 여기에 조금, 저기에 조금씩 나누어 내 마음과 정성을 쏟아 부을 수 있는 때도 있지만 때로는 오직 그 순간에 내 모든 걸 쏟아 부어야 할 때도 있다. 부모가 없이는 그 무엇도 혼자 할 수 없는 아이를 키우는 때가 바로 그럴 때라고 생각한다.

나의 지금이 후회의 색으로 물들지 않기 위해서는, 그리움이라는 아련한 빛깔로 물들기 위해서는.

매일 똑같은 일상이 반복되고 해도 해도 끝나지 않는 일이 계속 내 앞에 턱 하고 놓인다. 하나를 키우든 둘을 키우든 육아는 그 자체로 고되다. 먼저 아이를 키운 이들이 하나 둘 자기 일을 찾아 나가는 모습을 보며 부럽기도 하고 나 혼자만 이렇게 힘들게 육아를 하는 것 같아 슬플 때도 분명히 있다. 하지만 간과해선 안 되는 사실이 있다. 그들 역시 내가 지금 겪고 있는 이 길을 지나왔다는 것.

나는 그 누군가가 가진 빛 좋아 보이는 삶을 부러워하며 살고 싶지 않다. 지금 이 순간 내가 가진 삶 속에서 빛나는 행복을 찾는 사람이 되고 싶다.

'그대 온 행복을 순간 속에서 찾아라.'고 말한 어느 유명 작가의 말처럼. 나의 모든 삶에, 순간에 의미를 부여하자. 행여나 나의 행복이 발견되지 못한 채 흘러가 버리도록 가만히 놔두지 말자. 지금 이 순간 내 인생의 찬란함을 잡자. 후회보단 그리움을 간직할 수 있는 방법이리라. 삶을 두 배로 살아가는 방법이리라.

오늘 아침 휴대전화로 웹툰을 보며 소파에 누워있는 남편에게 먼저 일어난 아이와 함께 아침 산책을 다녀오는 것이 어떻겠냐고 제안했다. '그것도 나쁘진 않지!'라며 아이와 손을 잡고 집 주변을 산책하고 온 남편은 아까보다 훨씬 즐거워 보인다.

"저놈의 자식, 진짜 귀여워. 아주 심폭(심장 폭행)을 제대로 한다니깐!"

산책을 하면서 아이가 한 귀여웠던 행동 하나하나를 나에게 말하는 남편은 웹툰을 볼 때보다 훨씬 행복해 보였다. 흘려보냈더라면 결코 발견하지 못했을 오늘의 찬란함을 낚아챈 남편을 보니 나 역시 현재 이 순간에서 부지런히 삶의 기쁨을 발견하고 싶다는 생각이 든다.

# 감동 능력자

아이들은 바쁘다. 한시도 쉬지 않는다. 특히 바깥세상에 가면 더욱 그렇다. 세상 곳곳이 아이들에겐 놀라움 그 자체다. 무엇을 어떻게 보는 건지 궁금할 정도로 아이들은 매번 놀라고 만다. 세상을 바라보고 놀라는 것도 능력이라면 아이들은 '감동 능력자'다.

요즘 '차'에 한창 빠져 있다. 특히 대형차에. 차를 타고 가다가 혹은 산책을 하는 도중에 만나는 '대형차'를 보면 연신 소리를 지른다.

"우와~ 우와~우~~~와!!!"

지나가는 버스를 보고 금방 소리 질러놓고 똑같은 버스가 또 한 번 지나면 마치 뜻밖의 보물을 발견한 것처럼 환호성을 지른다. 포크레인, 레미콘, 트럭에도 같은 반응이다. 어제 본 그 차를 보며 오늘 또 놀란다. 아까 봤으면서 지금 또 좋아한다.

'매일 똑같은 걸 보는데, 도대체 어느 포인트에서 놀라는 거지?'

나는 아이들의 그 모습이 그저 신기하기만 하다. 연달아 버스가 10대 정도 지나간다면 우리 아이들의 목은 쉬어버릴 게 분명하다. 첫째 아이는 꽃을 볼 때마다 꼭 한 번은 만져본다. 그리고 손으로 쓰다듬어 준다. 엄마나 아빠에게 '예쁘다'라는 표현으로 머리를 쓰다듬어 주곤 하는데 딱 그런 모양새로 꽃을 만진다. 그날도 손을 잡고 길을 지나가던 중이었다. 아이가 손을 빼려고 안간힘을 쓴다.

"여기에선 손을 놓으면 안 되는 거 알잖아!"

하지만 손을 빼라고 난리다. 그러더니 인도 한구석으로 달려간다. 보일 듯 말 듯 한 작은 야생초 앞에 앉아 그 꽃을 만져준다. '예쁘다, 예쁘다. 너는 참으로 예쁘다.' 그러는 듯.

'세상에…….'

같이 길을 걷고 있었는데 왜 아이 눈에만 저게 발견 된 걸까. 참으로 귀신이 곡할 노릇이다.

'새'를 볼 때나 '비행기'를 볼 때도 마찬가지다. "짹짹, 짹짹, 짹짹~~~"

소리를 지르며 손가락질한다. 새가 저 먼 곳으로 날아가 보이지 않을 때까지 "짹짹"을 외쳐댄다. 잠시 땅에서 쉬고 있는 새라도 발견하는 날엔 그야말로 열광의 도가니다. 잡아보라는 듯 총총 뛰어가는 새를 쫓아간다. 아이의 입가엔 미소가 가득 번져있다.

볼 때마다 바쁘게 노는 것 같은데 '비행기'가 날아가는 건 기막히게 포착한다. 손톱만 한 크기밖에 되지 않는 비행기가 우리 아이들의 눈엔 자주 포착된다. 도대체 비결이 뭘까. 한 눈은 땅을, 한 눈은 하늘을 볼 수 있는 능력이 있는 것도 아닐 텐데.

"얘네 시력 2.0 인가 봐."

남편이 말한다. 시력이라면 나도 꽤 좋은데. 발밑에서도 머리 위에서도 세상을 발견하는 아이들을 보며, 똑같은 걸 수 십 번은 봐 놓고도 '처음 본 것처럼' 반응하는 아이들을 보며, '바라본다는 것'에 대해 생각해 보았다.

작년 여름의 일이다. 작년 여름, 내 눈에 계속 띄는 나무가 있었다. 이름 모를 그 나무를 볼 때마다 '참 예쁘다.'라는 생각을 하곤 했다. 초록색 잎으로 가득한 나뭇가지 끝에 앙증맞게 피어있는 분홍 꽃.

나뭇가지 끝에 매달린 분홍 꽃을 위해 초록 잎이 존재하는 듯 보였다. 초록 초록, 분홍 분홍. 멀리서 보아도, 가까이에서 보아도 참 예쁘다고 생각했던 기억이 난다.

작년 여름 내내 그 나무를 참 많이 만났다. 가로수로도 만났고, 남의 집 마당에서도 보았고, 심지어 매일 지나가는 길 혹은 잠시 들린 여행지에서도 보았다. 그 나무가 갑자기 많이 심어진 건 아닐 텐데. 예쁘다고 생각하고 봐서인지 꼭꼭 숨어있어도 반짝거리는 보석과도 같이 내 눈에 곧잘 띄었다.

나무를 볼 때마다 생각했다. 우리 집 마당에도 한 그루 심겨 있으면 참 좋겠다고. 이런 나무가 한그루 심겨 있으면 마당을 나갈 때마다 기분이 좋아질 것 같다고. 그러다 아주 우연히 그 분홍 꽃나무를 생각지도 못한 의외의 장소에서 발견하였다. 바로 우리 집 마당.

여름 내내 저 나무 한 그루 심자 이야기했었는데, 버젓이 우리 집 마당에 심겨 있는 걸 보았을 때 그 충격이란. 마당이 수천 평이 되는 것도 아닌데 그럴 수 있나. 나무를 뚫어지게 보면서 생각했다.

"나 되게 무심하게 살았구나."

매일 드나드는 집 마당에 심어진 나무 한 그루조차 놓치고 살고 있는데 그보다 중요한 것은 얼마나 많이 놓치며 살아가고 있을까. 놓쳐서는 안 될 중요한 것에 대한 리스트를 작성해 보았다. 목록이 꽤 많다.

'아, 애 키운다는 핑계로 가족, 친구, 이웃, 내 삶……. 많은 걸 놓치고 있었네.'

모든 것이 익숙해 졌기 때문이라는 핑계를 슬며시 대긴 했지만 반성 또한 많이 했다. 아직 분홍 꽃나무를 볼 때면 그때 그 기억이 난다. 본다고 해서 볼 수 있는 건 아니다. 자세히 바라보지 않으면, 마음을 써서 쳐다보지 않으면 보아도 본 것이 아니게 된다.

아이들은 다르다. 매일 똑같은 것을 보고서도 콜럼버스가 새로운 대륙을 발견한 것처럼 놀라거나 다른 이들의 눈엔 쉽게 띄지 않는 소소한 것들을 발견하고선 즐거워한다. 이 세상에 태어나서 그것을 처음 보기라도 한 것처럼. 하루에도 수십 번씩 보는 것에 매번 새롭다는 듯 손뼉을 친다. 내가 무심하게 지나쳐 버리는 많은 것이 아이의 눈에는 '놀라움'으로 발견된다.

차이가 무얼까 생각했다. 아이의 눈이나 내 눈이나 생김새나 기능은 다를 바 하나 없는데 그들은 발견하는 것을 왜 나는 발견하지 못할까. 익숙한 것을 보면서도 늘 처음 보는 것처럼 자세히 바라보며 기뻐하는 그 능력이 왜 내겐 없는 것일까. 마음의 문이 열려있는 정도가 아이와 나는 달랐다. 모든 걸 기쁘게 바라보겠노라 마음 먹은 이와 매일 보던 걸 또 봐서 뭐하겠냐고 생각하며 세상을 바라보는 이가 어떻게 같을 수 있을까. 그러니 자세히 바라볼 수밖에. 똑같은 걸 수십 번 보면서도 즐거울 수밖에. 지겹지 않을 수밖에. 마치 내가 '분홍 꽃나무'가 참 예쁘다고 생각한 이후로 내 눈에 계속해서 그것이 띈 것처럼 아이의 눈엔 이 세상 전체가 '분홍 꽃나무'다.

아, 이 아이들도 조금 더 자라 학교에 가게 되면, 청소년이 되면, 어른이 되면 지금의 나처럼 새로움도, 세상 곳곳에 대한 흥미도 아주 옅어지겠지. 쌓인 세월만큼, 반복되는 계절만큼 모든 것이 익숙해져 버리겠지. 지나가는 차도, 길가에 핀 꽃도, 하늘 위 구름도 새로울 것 하나 없다고 생각하겠지.

매일 드나드는 집도 매일 만나는 가족도, 친구도…….

'이를 어쩌나…….'

365일 단 하루도 같은 날씨, 같은 하늘빛, 같은 바람은 없는데.

어제의 바람과 어제의 햇살을 머금은 오늘의 꽃이 그 자리에 피어있는 것일 텐데. 어제보단 하루 더 자란 우리가 오늘을 살아가고 있을 텐데. 그 감동적인 사실을 우리 아이들은 나보다 훨씬 일찍 깨달아야 할 텐데. 그 '감동 능력'이 최대한 오래오래 유지되어야 할 텐데.

'아, 제대로 바라보며 살아야겠구나. 나부터 그렇게 살아가야겠구나. 아이는 결국 부모의 태도에 동요되고 마니깐. 나부터 그래야겠구나.'

매 순간 세상 곳곳을 제대로 바라보는 아이들은 그런 의미에서 나보다 훨씬 풍요를 느끼며 살아가고 있을 테다. 순간을 온전히 살아내고 있는 건 어쩌면 아이들인지도 모른다. 아무것도 아니라고 생각하는 것에서 무엇이든 '발견'하는 아이들은 나보다 훨씬 더 나은 '세상과 교감하는 눈'을 가졌는지도 모른다. 그 눈을 지켜주고 싶다고 생각했다. 세상과 교감하는 아름다운 눈을 내 아이가 오랜 시간 간직할 수 있다면 얼마나 기쁠까. 삶의 곳곳에서 충만을 느끼는 어른이 되는 것, 내 아이에게 물려주고 싶은 유산 같은 것이기도 하니깐.

오늘도 아이는 자칫하면 빨려 들어갈 듯한 자세로 하수구 앞에 쪼그리고 앉아 무언가를 열심히 바라본다. 나도 그런 아이 옆에 같이 앉아 보았다. '도대체 여기에선 무엇을 발견하는 걸까?' 아이의 시선을 따라가 보았다.

하수구 밑으로 흐르는 물을 향해 손짓하며 '물!'이라고 말하며 웃는다. '물'

을 좋아하는 아이에겐 하수구 속 물 또한 즐거움의 대상이 되는구나.

아아, 일단 먼저 배워보자. 설렘과 기쁨의 눈을. 교감과 공감의 그 눈을. 아이의 시선을, 세상과 교감하는 방식을, 이미 오래전에 잊고만 그 능력을 아이들에게 다시 배워야겠다.

삶을 더욱 충만하게 살아갈 수 있는 그 멋진 방법을. 결국 그것이 삶을 아름답게 바라보는 그 눈을 오래 지켜줄 방법이 될 테니까.

"온 세상이 태어나는 것처럼 일출을 보고 온 세상이 무너지듯 일몰을 봐라!" 앙드레 지드의 말이 생각나는 밤이다.

## 추억 부자

내가 초등학생이었던 시절 아빠가 무슨 일을 하고 있었는지 정확하게 기억나지는 않지만, 야근하고 동이 틀 무렵 퇴근할 때가 종종 있었다. 아침이 다 되어 집으로 와서는 제일 먼저 한 일이 우리를 깨우는 것이었다. 여름철 휴가도 없이 무료한 방학을 보내게 될 두 딸이 마음에 걸렸던 것이다.

아빠는 우리 자매를 깨웠고, 엄마는 비몽사몽인 우리에게 수영복을 입혀 주었다. 그 수영복을 속옷 삼아 입고 그 위에 겉옷을 걸친 뒤 우리 가족은 해운대 바다로 갔다.

선풍기 하나로 여름을 나던 그 시절, 아침 수영은 더위를 식히기 위한 최고의 방법이기도 했거니와 우리 두 자매에겐 더없이 즐거운 놀이기도 했다.

한두 번이 아니라 여름 내도록 그랬던 것 같다. 완벽하게 모든 상황이 기억나는 건 아니지만 동이 틀 무렵 아빠가 집에 들어왔던 장면, 컴컴한 방 안에서 엄마가 수영복을 갈아입혀 주었던 장면, 그리고 바닷가에서 노는 나와 동생의 모습이 나의 기억에 선명하게 저장되어 있다.

어른이 되고 나서 엄마에게 물어본 적이 있다.

"우리 어렸을 적에 새벽에 바다 가서 자주 놀았지?"

"그걸 어떻게 기억해?" 놀라 되묻는다.

"몰라. 그냥 기억나."

그때 몇 장면이 사진처럼 찍혀 나의 추억 창고에 저장되어 있다. 세월이 흘러 내 나이가 지금보다 더 많아진대도, 나의 추억 창고에 또 다른 추억들이 가득 쌓여간대도 잊히지 않을 그때 그 장면.

아버님의 고향은 여수다. 바닷가 마을에서 나고 자란 아버님은 우연인지 필연인지 바닷가 마을인 기장 대변에서 남편을 낳아 키웠다. 기장 대변을 지날 때면 남편은 나에게 '여기가 내 고향이야!' 말하곤 했다. 바닷가 마을에서 자란 아버님은 바다 수영을 아주 좋아했다고 한다. 어린 두 아들을 데리고 자주 바다에 나가서 수영했다. 커다란 고무대야를 배 삼아 두 아들을 태운 뒤 아버님이 물속에서 대야를 끌어주곤 했는데 한 날은 고무대야를 끌던 아버님이 바다에서 아는 사람을 만났고 잠시 대화를 나눴다고 했다. 대화에 빠져 아무런 의식 없이 고무대야를 놔 버렸고 그사이에 대야는 바다 깊은 곳까지 떠내려갔다고 했다. 당시 어렸기 때문에 그날의 기억은 남편에겐 없다. 하지만 자라면서 여러 번 그때 그 사건에 관한 이야기를 시부모님에게 들었던 남편은 바닷가에 관한 이야기만 나오면 아버님에게 큰 소리 치곤 한다.

"우리가 안 움직였으니 망정이지! 어쩔 뻔했어요."

살벌한 그 날의 추억을 종종 이야기하며 모두가 한바탕 웃곤 한다. 대변을 지날 때마다 남편의 표정은 한없이 밝아진다.

"내 고향, 대변!"

어쩌다 보니 우리 쌍둥이의 고향은 거제도가 되었다. 남편의 어린 시절처럼 두 아들 역시 바다 근처 마을에서 살고 있다. 막 걷기 시작할 무렵 처음 바다를 데리고 나갔다. 자유롭고 겁 없는 첫째 아들은 한 치의 망설임도 없이 바닷가로 돌진했다. 바다로 뛰어들거라곤 전혀 예상하지 못했던 우리 부부는 첫째 아이의 돌진을 미처 말리지 못했고 그게 아들의 첫 바다 입수가 되었다. 파도가 무서워 멀찍이서 보기만 하던 둘째 아들은 그로부터 시간이 한참이나 흐른 뒤 바닷물에 발을 담갔다.

아이가 돌진했던 그 바다를 지날 때면 아장아장 걷기 시작했던 아이들의 어린 시절이 떠오른다. 그 바다는 이제 나에게 '덕포 해수욕장' 이 아니라 '찬이가 생애 처음 입수했던 그 바다'가 되었다.

며칠 전 더위가 한풀 꺾인 오후 5시쯤, 바다를 찾았다. 물놀이도 하고 저녁 식사도 할 겸 시댁 식구들과 함께 옆 마을 황포에 있는 해수욕장으로 갔다. 아이들과 우리는 래시가드를 입고 비장하게 바다로 갔지만 결국 물에 들어가진 못했다. 물이 빠지는 시간의 바다는 생각보다 지저분했다. 게다가 바람까지 불어오니 물에 몸을 넣고 싶은 생각이 싹 사라져 버렸다.

바다 수영을 좋아했던 아버님만 바닷물에 목까지 몸을 담갔다. 30년 전 아들을 안고 바다 수영을 했던 것처럼 손자를 데리고 바닷물로 들어가려 했지만, 파래로 가득 찬 바닷물을 보고선 '지지'라고 말하며 발끝도 넣지 않으려 한다. 입수를 한사코 거부한 손자들 때문에 아버님은 그때 그 추억을 재현할 수 없었다.

바다 맞은편에 놓인 평상에 앉아 맛있는 저녁 식사를 하는 것으로 물놀이를 못 한 아쉬움을 달래기로 했다. 물놀이를 하고 나서 먹는 건 무엇이든 맛있다고 하지만 물놀이를 하지 않아도 멋진 석양과 바다를 바라보며 먹는 밥맛은 기가 막힌다. 남편은 밥상 앞에 앉아 천방지축 날뛰는 아이 둘을 보느라 바쁘고, 어머니는 그런 아들에게 커다란 상추쌈을 싸서 넣어주느라 바빴다. 두 사람 덕분에 한결 자유로워진 나는 바다를 감상하며 천천히 저녁 식사를 할 수 있었다.

아이들의 성화에 서둘러 식사를 끝낸 남편은 모래사장 위에 앉아 놀기 시작했다. 셋이 나란히 앉아 무언가를 하는 그 모습을 멀리서 바라보는데 그 어떤 대단한 미술 작품보다 유명한 노래보다 아름다운 춤사위보다 감동적이었다. 마음이 꽉 차올랐다. 그 순간 아버님이 이야기한다.

"30년 전에 내가 딱 저랬던 게 생각나네. 임랑 바다에 자주 갔었는데. 저 모습이 딱 그때 같아."

아버님에게 남편과 아이들의 모습은 30년 전 본인과 어린 두 아들을 떠오르게 했다. 대야에 태운 아들 둘을 저 먼 바다로 둥둥 떠내려가게 한 것까지 분명 떠올랐겠지.

밥을 먹고 있었던 우리는 식사를 멈추고 한참 동안 그들을 바라보았다. 그 순간 하늘은 석양빛으로 더욱 빨갛게 물들었다. 지는 석양을 바라보며 30년 전을 떠올리고 있는 아버님의 이야기를 듣고 있자니 아버님 나이쯤 되어 있을 남편의 모습이 자연스레 떠오른다.

지금 내 나이쯤 되었을 두 아들과 아버님 나이 정도 되어있을 나와 남편. 생각만으로 마음 한구석이 아릿아릿해진다. 이 소중한 순간 역시 흘러가고 있다는 생각을 하니 마음 한편이 시큰거린다. 나이가 지긋이 든 나와 남편 그리고 아들 내외와 손주 녀석들이 함께 바닷가에 가서 오늘과 같은 시간을 보낼 수만 있다면 얼마나 황홀하게 기쁠까.

만약 그러한 날이 온다면 분명 오늘 이 일을 어른이 된 아들에게 이야기해 줄 것 같다. 오늘의 행복을 고스란히 전해 줄 것 같다. 그런 일이 있었냐는 듯 어리둥절한 표정을 지을 아들의 모습도 상상된다. 그럼 그때 자세하게 이야기 해 주어야지.

너희가 고작 3살밖에 되지 않았던, 석양빛으로 하늘마저 눈이 시리게 아름다웠던 어느 여름날 늦은 오후, 거제도 황포 해수욕장에서 할머니와 할아버지 그리고 엄마 아빠랑 같이 바다를 보며 저녁식사를 했노라고. 너희를 무척이나 사랑했던 아빠는 한순간도 너희에게 눈을 떼지 못했고 그 모습이 어떤 그림보다 환상적이었다고 이야기를 해주고 싶다. 그때 너희는 무척 장난꾸러기였지만 사랑스러웠다는 말도 해줘야겠다. 찬이는 2살도 안 되어서 바닷가에 겁도 없이 들어갔던 것도, 옹이는 겁이 많은 편이라서 바닷물 근처에도 가지 않았다고도 말해줘야지. 그런 나의 말을 가만히 듣고 있던 두 아들이 기억이 하나도 나지 않는다고 말하면 너희가 기억할 필요는 없다고 미소 지으며 이야기 해주어야지. 그 시절 너희의 모습은 엄마, 아빠가 하나도 빼놓지 않고 소중하게 기억하고 있으니 너희는 기억하지 않아도 괜찮다고.

아이들에게 좋은 추억을 만들어 주고 싶어서 온 바닷가에서 먼 훗날 남편과 내가 웃으며 이야기할 수 있는 추억 하나를 담아 왔다. 차곡차곡 쌓아 놓은 추억을 하나씩 꺼내 먹으며 기쁨을 만끽하는 순간이 우리에게도 찾아올 거로 생각하니 조금 더 행복하고 감사한 마음으로 일상의 많은 순간을 보내야겠다는 생각이 든다.

나이가 들면 들수록 마음이 넓고 풍요로웠으면 좋겠다. 그러한 마음의 풍요는 현재의 행복을 소중히 여기는 것에서부터 시작한다. 일상의 순간에 깃든 숨어있는 행복을 발견하는 것으로부터 배가 된다. 그런 사실을 너무 늦게 깨닫지 않아서 참 다행이라는 생각이 든다.

세월이 흐르고 흘러 내 키보다 몇 뼘은 더 크게 자란 아이에게도 삶의 힘든 순간이 닥쳐오겠지. 주저앉아 울고 있을 때 '괜찮아. 그럴 수도 있어.'라고 이야기하며 아이의 온 마음을 품어줄 수 있는 그런 엄마가 되고 싶다.

그리고 나의 풍요로운 추억 주머니에서 아이에게 힘이 될 만한 달콤한 추억 하나를 꺼내 손에 꽉 쥐여줘야지. '네가 얼마나 괜찮은 아인데! 네가 얼마나 사랑받을 자격이 충분한데.' 이야기해 주어야지.

아이의 마음에 반짝이는 추억을 심어주는 엄마가 되면 얼마나 좋을까. 그 빛이 아이의 몸 전체를 따스하게 데워줄 수 있다면 더 없이 기쁘겠지. 나이가 들어가는 것만큼 마음이 충만해진다면, 간직하고 있는 어여쁜 추억이 많이 있다면, 늙어가는 일이 서글프지만은 않을 것 같다.

충만한 사람으로 나이 들어간다는 것. 생각하면 할수록 멋진 일인 것 같다.

# 제3장
# 내 아이를 지키기 위해서

## 약올라 정말

아이를 낳고 나서 처음으로 친정 식구들과 여행을 다녀왔다. 경주 2박 3일 코스. 아이를 낳기 전에는 국내 이곳저곳을 다녔다. 강원도, 청산도, 완도, 군산, 여수, 제주도……. 하지만 아이를 둘이나 낳고 난 후론 가까운 곳에 나들이 가는 것조차 조심스러웠다. 여행 한 번 가지 않은 채 아이만 보았다. 그 사이에 아이는 많이 자랐다.

나의 도움 없이도 몸을 가눌 수 있게 되었고, 정해진 것만 먹어야 했던 지난날에 비하면 음식도 자유로이 먹을 수 있다. 분유와 이유식 단계가 끝나니 짐이 확실히 줄었다. 기저귀와 물티슈, 여벌 옷가지, 비상약, 세면도구 정도만 있으면 된다. 불과 1년 전엔 친정에 가는 데만 해도 트렁크 몇 개가 필요했다. 그것에 비하면 이건 짐도 아니다. 날아갈 듯 가뿐하다.

게다가 말은 못 해도 말귀는 다 알아듣는다. 하지 말아야 할 것과 해도 되는 것을 구분하는 눈치 또한 늘었다. 데리고 있으면 온갖 애교와 재롱에 한 시도 심심할 틈이 없다.

아이 둘과의 여행은 '사서 고생' 이란 생각에 시도조차 하지 않고 살아왔는데 이젠 먼 거리가 아니라면 괜찮을 것 같다. 물론 아이들을 함께 봐 줄 가족과 함께 라면. 그렇게 친정 부모님과 여동생 그리고 우리 네 가족의 여행이 시작되었다. 예상했던 대로 아이들의 재롱에 부모님은 웃느라 정신이 없다. 결혼을 안 한 이모의 조카 사랑은 말할 것 없다. 덕분에 남편과 나는 아이들에게서 잠시나마 해방될 수 있었다.

모든 사람의 관심과 사랑이 자신들에게 쏠려 있다는 걸 아이들은 직감적으로 알아챘다. 평소보다 더 열심히 재롱을 떨고 부지런히 애교를 부린다. 할머니와 할아버지, 이모가 평소에 엄마가 잘 주지 않는 '맛있는 것'을 준다는 걸 눈치 채 버렸다.

'이 눈치 빤한 것들.'

이모에게 안겨서 "이~몸(이모) 까까." 할머니에게 폭 안겨서 "할미 주요(주세요)" 한다. 할아버지는 말하기도 전에 이미 손에 '맛있지만, 몸에 안 좋은 것'을 쥐여 주고 있다.

아이들이 먹는 모습을 보는 것만으로 배가 부르다. 그 작은 손에 큼지막한 과자를 쥐고 조그마한 입을 오물거리는 그 모습이 '아기 다람쥐' 같다. 하나 다 먹으면 또 하나 주고 싶게 만든다. 나 역시 안다. 그 모습이 얼마나 예쁜지.

하지만 여태껏 참아 왔다. 아이들의 눈이 휘둥그레 커지고 입으로는 야호를 외치면서 손은 만세를 하게 만드는 그 음식은 내가 기대하는 것만큼 영양가가 없다. 아니 오히려 몸에 나쁘다. 게다가 밥맛을 떨어트리는 주범이다. 그래서 가끔, 정말 가끔 줬었다. 하지만 이모와 할아버지 할머니에겐 통하지 않는다.

'뭐든 많이 먹으면 큰다.'라는 할머니, 할아버지식 육아법엔 나의 말은 '애 한번 안 키워본 뭣도 모르는 것이 아는 체하는 소리' 일뿐이다.

'하, 저러면 절대로 밥을 안 먹을 텐데.'

무얼 먹든 일단 밥은 먹어야 한다는, 할머니 할아버지보다 오히려 더 옛날식 생각이 자리하고 있는 나에겐 그 모습을 지켜보는 것만으로 애가 탄다.

어쩌면 내가 이렇게 '밥, 밥, 밥'하게 된 건 우리 엄마 때문일지도 모른다. 내가 밥을 먹지 않고 버티는 날엔 학교도 안 보내 줬다. 꼭 밥은 먹어야 한다는 엄마의 방침에 맞춰 고등학교 때까지 아침밥을 꼬박꼬박 먹고 다녔다. 나의 마음 한구석에 '아이는 꼭 밥은 먹어야 한다.'라는 어길 수 없는 원칙이 생긴 것엔 친정엄마의 영향도 분명히 있다. 그때 그 단호했던 엄마는 어디로 간 걸까. 손자에겐 밥 안 먹어도 괜찮다고, 내 새끼들 먹고 싶은 것 '다' 먹으라고 내밀고 있다. 그 시절 엄마는 이제 없다. 손자에게 홀딱 홀려버린 할머니만 있을 뿐.

'밥 안 먹어도 잘 클 수 있어!'라고 소리소리 지르던 나는 어느새 자라 내 아이들에게 '밥 안 먹으면 절대 안 돼.'를 외치고 있다. 세월이 변하니 엄마도 변하고, 나도 변했다. 역시 식사시간은 예상했던 딱 그대로다. "얘들아, 밥 먹자." 라는 내 말에 고개부터 흔든다. 온 방을 뛰어다니며 논다고 정신이 없다. 숟가락을 들고 있는 내 근처엔 오지도 않는다.

그렇게 2박 3일을 보냈다. 아이들은 3일 내내 밥이라곤 쳐다보지도 않았다. 밥 대신 다른 '맛있는' 걸로 배를 채울 수 있었던 아이들은 지상 낙원이 따로 없다는 듯 행복해했고 그걸 지켜보는 나의 속은 부글부글 끓어 넘치기 직전이었다. 가족들 앞에서 화를 낼 순 없었다. 좋은 곳에 와서 모든 이의 기분을 망칠 순 없으니깐. 그저 애원하는 수밖에. 밥그릇을 잡고 애걸복걸하고 있는 나를 보며 가족들이 한마디씩 거든다.

"그렇게까지 먹여야 하나."

"밥 싫어하면 밥 말고 딴 걸 주면 되잖아."

"빵도 탄수화물인데 왜 안 돼? 미국 애들은 잘만 크더라."

"TV에 보면 쟤들보다 어린애들이 어른들 먹는 거 다 먹더라."

"언니가 끓인 국은 간이 안 되어있어서 맛이 없다. 그러니깐 애들이 안 먹지."

'아, 진짜.'

그 소리를 2박 3일 동안 들었다. 지금 생각해도 화 한번 안 내고 참아온 내가 대견하다. 아마 1년 전이였다면 벌써 소리 한번 질렀을지도 모른다. 꽉 채운 두 해 동안 아이를 키우며 내 마음은 조금 달라졌다.

"그래, 먹지 마.(이번 여행에서만)"

아이를 바라보는 눈이 다르다. 부모의 눈으로 바라보는 아이와 할아버지, 할머니, 이모의 눈으로 바라보는 아이는 다르다. 매일 보는 나와 가끔 만나는 그들이 바라보는 아이가 어떻게 같을 수 있을까.

아이가 잘 자라길 바라는 마음은 같다. 하지만 식사에 예절, 영양, 건강, 식습관을 포함 시켜서 바라보는 엄마인 나와 그저 먹는 모습이 예쁜 그들이 바라보는 식사시간은 다를 수밖에 없다. "아빠가 밥 한번 먹여봐!" 라고 소리치지 않았던 이유다. 그들의 눈에 아이들은 그저 사랑, 그 자체다.

아이가 잘못 크길 바라며 하는 행동이 아니다. 지금 이 순간, 아이들이 너무 예쁜 나머지 다른 생각은 할 틈이 없는 거다. 예전에는 엄마랑 많이 다퉜다. 이건 이래서 안 돼, 저건 저래서 안 돼 라고 말하는 딸이 야속했는지 "내가 해주는 건 다 안 된다고 하냐." 고 토라지시기도 했다.

나 역시 안 되는 걸 아이에게 해주려고 하는 엄마를 보며 화가 치밀어 오르기도 했다. 아이를 낳은 지 얼마 안 된 나도, 손주를 처음 본 엄마도 이제 막 세상에 태어난 아기가 그 무엇보다 귀한 건 마찬가지였지만 시선은, 관점은 분명히 달랐다.

그땐 내 말이 다 옳다고 생각했다. 인터넷과 책에 나오는 대로 해 주어야 직성에 풀렸다. 가끔 만나는 가족의 마음보다 아이의 분유 텀과 간식의 종류가 훨씬 중요한 문제였다. 한 달에 한두 번 만나는 그 예쁜 손자에게 뭐 하나 더 해주고 싶은 할머니 마음은 나중의 문제였다.

아이를 기른 시간이 쌓여가면서 내 마음에 어떤 변화가 생긴 걸까. 조금씩 마음이 풀어졌다. 촘촘하게 짜여 있던 거름망으로 아이에게 좋지 않다고 판단된 건 모두 걸러 냈었는데, 이젠 그 거름망의 구멍이 조금 넓어졌다. 느슨해진 것이다. 주변을 돌아볼 마음의 여유가 생겼다는 뜻이겠지.

그 구멍 사이로 가끔 만나서 매우 기쁜 할머니식 사랑도 통과시키고, 딸이 클 때는 바빠서 제대로 예뻐하지 못한 채 바쁜 세월을 살아왔던, 할아버지가 된 아빠가 손자에게만큼은 뭐든 다 해주고 싶은 그 마음도 통과시킨다. 결혼 안 한 이모의 브레이크 없는 예쁨 역시 못 본 척 그냥 넘어간다.

아이에게 좋은 것만 주고 싶은 그 마음 하나가 나를 팍팍하게 만들었다. 그리고 아이만큼 그들 역시 소중한 존재였다는 걸 한참 뒤 다시 깨달은 것이다. 느슨해진 그 마음 사이로 내 아이를 예뻐해 주는 그들의 마음이 전해졌다. 감사한 일이다. 아이를 대하는 방법은 다르지만, 아이를 향한 사랑은 같다. 우리 부부 만큼이나 일방적으로 사랑을 주는 사람이 이 세상에 또 있다는 사실은 언제나 힘이 된다.

가끔 만난다. 만나는 날 보다 못 만나는 날이 훨씬 더 많다. 그러니 그냥 넘어가야지. 주고 싶어 안달이 난 할머니 할아버지의 간식 공세가 영 탐탁지 않지만, 그 할아버지, 할머니를 등에 업고 기세등등해진 아들 두 녀석이 얄밉기도 하지만 가끔 만나는 그들만의 사랑 방식이라 여겨주어야지.

맛있는 건 뭐든 주고 싶은 할아버지와 할머니, 엄마가 안 주는 걸 주는 할머니 할아버지에게 폭 안겨 떨어질 줄 모르는 아들 두 녀석이 지금, 사랑을 나누고 추억을 쌓는 중이라고 너그럽게 바라봐 주는 거다. 어차피 집에 가면 나의 방식에 맞춰 살아가야 할 테니.

나와 함께 지내는 날이 할머니 할아버지를 만나는 날보다 훨씬, 아주 훨씬 더 많을 테니 약이 올라도 가끔은 두 눈 질끈 감아줘야지!

# 잠깐 보아야 예쁘다

3일씩이나 함께 있은 적은 없었다. 부산과 거제. 친정집과 우리 집까지 거리는 차로 1시간 20여 분 정도. 그렇게 먼 거리는 아니었기 때문에 하루 정도 잠을 자고 온 적은 있어도 며칠씩이나 친정에 머무르진 않았다. 한 달에 두서너 번씩 자주 내려간 적이 있긴 했어도 연속으로 며칠을 함께 지낸 적은 없었다. 결혼하고 나서 처음엔 우리 집이 그리웠다.

"우리 집에 가고 싶어."

결혼하고 며칠 지나지 않아 남편을 붙잡고 이야기했다.

"이제 이곳이 우리 집인데 가긴 어딜 간다는 거야."

그때 나에게 우리 집은 엄마 아빠와 함께 30년 가까이 살았던 그곳이었다. 하지만 그것도 잠시. 어느샌가 친정집이 불편해졌다. 싫어진 게 아니다. 내 집처럼 편하지가 않다.

'그렇게 오래 살았던 집이 불편해질 수도 있구나.' 사람은 적응하는 동물이라더니 딱 이런 경우를 두고 하는 말인가 보다 생각했다. 내가 산 침대, 내 취향으로 가득한 주방, 나의 손때가 묻은 가구들. 구석 깊은 곳까지 나의 손길로 정성을 들인, 남편과 내가 사는 그곳이 이젠 '우리 집'이 되었다. 아이를 낳고 나선 더욱 그랬다. 아무리 바리바리 짐을 싸 들고 가도 뭔가 늘 아쉬웠다. 한가지씩 꼭 빠트리고 오는 것도 있었다. 집에 놓고 온 물건이 간절히 생각났다.

수십 년을 살았던 곳이다. 여전히 친정집 소파에서 편안하게 TV를 보고, 휴식을 취한다. 필요한 물건이 생각나면 엄마에게 묻지 않아도 된다. 이 구석, 저 구석에 무엇이 들어있는지 훤히 알고 있다. 나의 흔적 또한 여전히 곳곳에 남겨져 있다. 그럼에도 불구하고 내 집은 아니라는 생각이 들었다. 아이를 데리고 하룻밤을 자고 나면 집으로 가고 싶어졌다. 내 침대에 누워서 내 이불을 덮고 자고 싶었다.

'아, 집에 가서 편하게 있고 싶어.'

아이를 돌보는데 능숙한 친정엄마 덕분에 친정에만 가면 몸이 무척 편하면서도, 마음은 '내 집'에 가고 싶다는 생각이 들곤 했다. 어느 곳을 가든 '내 집'만한 곳은 없으니깐. 친정 식구들과 3일을 내리 함께 지낸 건 이번 여행에서 처음 있는 일이다. 그 개구쟁이 천방지축 두 손자가 할머니, 할아버지를 힘들게 하기 전에 항상 집으로 돌아갔기 때문에 그 녀석들과 오랜 시간 함께 있는 건 엄마, 아빠도 이번이 처음이었으리라.

장난감 하나 갖고 둘이 다투거나, 서로 안아 달라고 떼쓰거나, 뭐가 마음에 안 들었는지 토라져 칭얼칭얼 우는 걸 그렇게 오랜 시간 본 적 없던 동생은 "쌍둥이를 키우는 건 진짜 대단한 일이다." 말하며 혀를 찼다. 조카 사랑에 뭐든 다 퍼 줄 것 같이 굴었던 이모는 겨우 하루도 못 가서 고개를 내저었다.

우리 집 막내딸로 집에만 오면 '소' 가 되었던 동생은 한시도 가만히 안 있는 3살 남자 아기 둘을 쫓아다니느라 금세 기진맥진 기운이 빠졌다.

"어떻게 둘을 한꺼번에 보는데? 그것도 매일매일. 난 못 하겠다."

채 하루도 넘기기 전에 백기를 들었다.

"언니, 진짜 대단하다."

두 손 두 발을 다 들고 고개까지 내 저면서도 나의 지시에 부지런히 움직여 주었다. 하루도 버티기 힘든 일을 매일같이 하는 언니가 애처롭고 안 돼 보였던지 평소엔 엉덩이 떼는 일 없이 앉아 있거나, 누워있기만 하던 동생은 여행 내내 이리 저리 바삐 움직였다. 나보다 한발 빠르게 아이들에게 다가갔다.

"진짜 애는 못 키우겠다."

입은 투덜거리면서도 몸은 움직이고 있었다. 친정엄마 역시 그랬다. 아이를 돌보는데 능숙한 편임에도 불구하고 럭비공같이 이리 튀고, 저리 튀는 아이들을 보며 "너희 엄마 진짜 힘들겠다."를 연발했다. 아이들이 내 바짓가랑이를 부여잡고 울 때면 얼른 달려와 아이를 안아주면서 "엄마가 살이 찔 틈이 없겠다. 어찌 그렇게 힘들게 하노." 하며 물고 빨던 그 손자 녀석들에게 한 소리씩 하곤 했다. 아이들 틈에서 이리저리 치이는 게 안타까우셨는지 2박 3일 여행 내내 설거지 한 번 못하게 했다.

"엄마가 할게. 앉아 있어."

"우리가 여기 있는데도 이 정도면 집에서는 도대체 얼마나 시달리겠냐. 아이고……."

평소에 말이 별로 없는 친정 아빠는 가만히 있으시다가도 음식만 보면 더 먹으라고 야단이다. 이미 양껏 먹어서 배가 부르다고 해도 막무가내.

"더 먹어."

새침데기처럼 제 몸 하나만 치장할 줄 알았던 철부지 딸이 어느새 아이를 둘이나 가진 엄마가 되었다. 육아가 힘들다는 건 엄마, 아빠도 해 봐서 알 테지만 딸이 애 엄마가 되어 육아하는 모습을 지켜보는 건 낯설기만 할 터.

손자가 예뻐 죽겠다가도 애들에게 시달리는 딸의 모습을 지켜보는 건 영 마음이 좋지 않으신가 보다. 아이들이 나를 힘들게 할 때마다 옆에 있는 엄마 아빠는 '아이고, 세상에.' 하며 깊은 한숨을 내쉬었다. 그들이 내비치는 안타까움과 애잔함이 고스란히 나에게 전해져, 괜히 씁쓸했지만 다른 한편으론 힘이 되었다. 힘들다는 걸 누군가가 진심으로 알아주는 것만으로 기운이 나기도 하니깐.

빈둥대는 걸 좋아하는 내 동생이 나의 말 한마디에 벌떡 일어나 심부름을 해주고, 딸이 편하길 바라 이것저것 잡일들을 도맡아 하느라 엄마도 바쁘다. 더 먹으라는 말 한마디에 모든 걸 담아내는 아빠의 모습을 사흘 내내 보며 울컥하기도 또 힘을 얻기도 했다.

각오를 단단히 하고 온 여행이다. 24개월 아들 둘과 함께 하는 여행은 생각만으로도 아찔했으니깐. 독불장군 같은 아이 둘과 이틀을 바깥에서 자는 것이 과연 옳은 짓일까 고민도 했다. 아마 우리 네 식구만 여행을 떠나야 했다면 진작 포기했을지도 모른다. '내년에 가지 뭐.' 그러면서. 나만큼이나 아이들을 사랑해 주는 식구와 함께 가는 여행이라 선뜻 길을 나설 수 있었다. 나보다 아이들을 더 예뻐해 줄 거라고 확신했으니깐.

여행하는 내내 아이들의 뒤치다꺼리로 바쁜 시간을 보내면서도 즐거웠던 이유는 나와 아이들을 어여쁘게 봐 주는 그들 덕분이었다. 노심초사하지 않아도 된다. 타인에게 피해를 주면 어쩌나 싶어 늘 안절부절못했었는데 아이를 보살펴 줄 사람이 나와 남편 말고도 셋이나 더 있다. 이보다 든든할 수 없다.

3일 내내 밥도 편안히 먹었다. 아이들이 잠을 자지 않아도 신경 쓰지 않은 채 쉴 수 있었다. 우리 부부를 많이 배려해준 식구들 덕분에 나와 남편은 여행 내내 몸도 마음도 편했다.

오랜 시간 함께 있으면서 확실히 느꼈다. 그들의 짙은 배려와 깊은 사랑. 여행이 끝났다. 동시에 앞으론 친정이 조금 불편해도 며칠씩 묵어야겠다는 생각을 했다. 엄마 아빠가 그렇게도 아이들을 좋아해 주시니 그러는 편이 나을지도 모르겠다.

"엄마! 갈게~ 다음에 또 올게."

인사를 하며 엄마의 얼굴을 보는데 여행을 처음 떠나던 날과는 낯빛이 사뭇 다르다. 아쉬움 때문일까. 얼굴이 어두워 보인다. 많이 수척해진 것 같아 보이기도 하고.

"어서 빨리 가! 빨리~ 엄마는 쉴 거야."

그 말에 피식 웃음이 나왔다.

'다음에는 집에서 며칠 동안 자고 갈게.'라고 말하려고 했는데, 안 하는 편이 나을지도 모르겠다는 생각이 들었다. 친정에서는 여태껏 그랬던 것처럼 하루만 묵고 오는 게 좋겠다.

어느 시인은 오래 보아야 예쁘다고 그러던데……. 잠깐 보아야 예쁜 것도 있나 보다.

## 우리도 언젠가는

처음이었다. 모두가 결혼한 후 각자의 가족과 함께 모여 시간을 보낸 건. 4명으로 시작된 인연은 긴 세월에 더하고 더해져 14명이 되었다. 어른 8명, 아이 6명. 맏며느리인 덕에 명절마다 동서네 식구와 시부모님이 우리 집에 모여 하룻밤을 보내곤 하는데, 그때 모이는 가족의 총수가 고작 9명인 것에 비하면 실로 엄청난 인원이 우리 집에 모인 것이다. 명절보다 더 복작거리고 소란스러웠던, 풍성했던 그 날.

우리 4명은 지금으로부터 약 9년 전 직장에서 처음 만났다. 유치원 교사였던 우리는 부산의 작은 동네에 있는 유치원에서 만나 5년을 같이 일했다. 처음 만났을 당시 나이도 달랐고 직책도 달랐다. 이제 막 일을 시작한 1년 차 부담임, 2년 차 정담임 교사, 그리고 4년 차 베테랑 교사, 6년 차 주임. 서로에게 깍

듯할 수밖에 없었던 나이 차이와 연차 차이.

함께한 세월이 길어지면서, 우리 사이는 자연스레 깊어졌다. 그 당시 유치원 일이 그러했듯 우리 역시 잦은 야근과 과한 업무, 쏟아지는 학부모의 요구로 지치는 날이 많았다. 일찍이 출근해서 달을 보고 퇴근하면서도, 시급을 받는 편의점 아르바이트를 하는 게 낫겠다는 푸념을 종종 하면서도 함께 일을 하는 것이 좋아 그 모든 고됨을 즐겁게 이겨냈다.

당시 모두 아가씨였던 우리는 요일과 상관없이 모여 퇴근 후의 시간을 보내기도 했다. 흥에 취하고, 술에 취해 서로가 가진 고민을 털어놓기도 했고 마음 깊숙이 있던 진한 이야기를 하기도 했다.

그렇게 5년을 함께 했다. 깔깔 웃기도 하고, 서로를 붙들고 울기도 했다. 힘든 일이 있으면 모두 모여 위로도 하고, 축하할 일이 있으면 다 같이 기뻐하기도 하며. 일하는 내내 '이런 것이 인복이구나.' 생각했다. 하루 중 가장 긴 시간을 보내는 직장에서 가족같이 서로를 아껴주는 동료와 함께 지낼 수 있다는 건 행운임이 분명했으니깐.

그렇게 한 해, 두 해 세월이 흘러갔다. 그 사이, 우리에게도 많은 변화가 찾아왔다. 비슷한 시기에 일을 그만두었다. 비슷한 시기에 모두 결혼을 했다. 직장을 다니지 않아도 종종 만나곤 했는데. 결혼해도 달라질 건 없구나! 여겼었는데. 아이가 생기기 시작하면서 만나는 횟수가 줄어들었다. 지켜야 할, 내가 아니면 그 누구도 지킬 수 없는 '소중한 것'으로 인해.

그렇게 우리의 만남은 뜸 해졌다. 각자, 자신의 자리에서 충실히 삶을 살아냈다. 우리가 쌓아왔던 관계가 꽤 많이 단단했는지, 서로에게 소원한 채 지냈지만 쉽게 툭, 끊어지진 않았다. 긴 시간을 함께하며 마음을 나눈 인연이 어느 순간 흔적도 없이 지워져 버릴 때면 마치 내 삶의 한 부분을 잃어버린 것 같아 슬퍼지곤 했는데.

오랜만에 만나도 어제 만난 것 같았다. 오랜 시간이 흘러 다시 만났는데도 어제 만났던 것처럼 아무렇지도 않았다. 그게 뭐라고, 무척 감사할 줄이야. 네 사람 모두에게 생긴 귀한 가족과 함께 우리 집에 모였다. 잠시 쉬어가는 법도 없이 흘러가는 세월이 야속하기만 했는데, 꼭 그렇지만도 않구나 생각했다.

함께 여행을 떠났던 수년 전이 떠올랐다. 여름 방학을 맞아 기쁜 마음으로 경주 캘리포니아 비치에 갔었다. 그때도 지금도, 여름이네. 하긴, 여름은 여행의 계절이기도 하니깐.

긴 세월이 흘러도 크게 변하지 않은 것 같다고 생각했는데, 곰곰이 따져보니 달라진 게 한둘이 아니다. 비키니를 입고 놀던 우리가 이젠 아기 띠를 매고 있다. 한껏 뽐낸 백과 구두 대신, 기저귀 가방과 편한 운동화를 신고 있다. 무엇보다 무얼 하든 언제나 넷이 함께 붙어 있었는데 오늘은 넷이 한자리에 모여 앉아 얼굴 보는 것도 힘들다.

제대로 앉지도 못하는 5개월 아기, 집안 곳곳을 배밀이하고 다니며 무언가를 열심히 주워 먹는 8개월 아기, 그저 신난 19개월 남자 아기, 통제할 수 없는 24개월 아들 쌍둥이, 그리고 새침데기 6살 꼬마 숙녀까지. 이 녀석들을 쫓아다니기 바쁘다. 누굴 위해 모였는지 헷갈리기 시작한다. 함께 온 남편들 역시 분주하게 움직이고 있었음에도 역부족이다. 어찌나 정신이 없는지.

'세상에…….'

각자 20명이 넘는 아이들을 능숙하게 이끌던 우리가 고작 6명의 아이에게 휘둘리고 있다니! 이것이 엄마와 교사의 차이인가. 여기서 울고, 저기서 울고. 누구든 재워야 상황이 나아질 것 같은데 그 누구도 잘 생각을 하지 않는다. 오늘 만남에 설렌 건 우린데, 왜 이 녀석들이 난리인지. 하나같이 입을 모아 이야기했다.

"애들이 좀 더 커야 우리가 편히 이야기하며 놀 수 있을 것 같아."

"같이 모여 앉아 이야기를 한 번 못 하네."

그렇게 우리의 정신이 쏙 빠져갈 때쯤, 아이들이 하나 둘 낮잠에 빠졌다.

"이때야."

누가 먼저랄 것도 없이 바비큐 준비를 했다. 우리가 만나고 처음으로 맞은 평화로운 시간이었다. 그제야 서로의 얼굴을 마주 보며 이야기를 나눌 수 있었다. 다양한 주제로 대화를 나누었던 지난날과는 다르게 육아이야기가 대화의 대부분이 되었지만.

홀가분한 아가씨의 몸으로 직장생활을 하던 그때 그 시절은 이젠 아득하기만 하다. 어느새 우리는 아기 띠를 하나씩 맨, 아줌마가 되어버렸다. 마침 TV에서 '캠핑클럽'이 나왔다. 수십 년 전 전국을 들썩이게 했던 핑클이 해체 후 처음으로 완전체가 되어 찍은 예능이다. 오랜 시간 동안 흩어져 있다가 다시 뭉친 그녀들이 캠핑카를 타고 여행을 다니는 콘셉트의 예능.

긴 시간이 흘러 만난 넷은 편안하고 아늑해 보였다. 그녀들이 어떤 관계로 그간의 세월을 지내왔는지는 당사자가 아니라 잘 모르겠지만, 젊은 시절을 함께 보낸 오랜 친구와 나이가 들어서도 편안하게 만날 수 있다는 건 꽤 멋진 일임은 분명한 것 같다. 보는 내내 덩달아 마음이 푸근해졌다.

"우리도 핑클할까? 난 성유리!"

철없는 막내의 헛소리에 셋이 동시에 야유를 보내긴 했지만, 나이가 더 많아지고 모든 것이 지금보다 자유로워진 후엔 그녀들처럼 여행을 다니는 것도 참 좋을 것 같긴 하다.

아가씨 시절로 돌아갈 순 없다. 우린 앞으로도 긴 시간을 엄마로, 각자의 삶을 살아갈 것이다. 만남 역시 여전히 드문드문 힘들지도 모른다. 하지만 언제까지나 엄마의 신분으로 아이와 가정에 나의 모든 정성과 시간을 쏟아내지 않아도 된다. 아이는 클 것이고 우리에게도 다시금 여유가 생겨날 것이다. 그때가 되면 '필' 꽂히는 날 홀가분한 몸으로 만날 수 있겠지. 날짜를 잡기 위해 달력을 몇 번이나 봐야 하는 일 없이. 예전에 그랬던 것처럼.

언젠간 다시 찾아올 그 날을 위해 지금은 열심히 각자의 삶에 충실해야 할 터. 아이들이 하나 둘 깨고 또다시 혼이 쏙 빠진 채 여행을 마무리해야 했지만 아쉽지만은 않았던 것 역시 그러한 이유 때문이겠지.

한 10년 뒤쯤엔 "지금 모이자." 한마디면 냉큼 나가서 우아하고 편안하게 수다를 떨 수 있겠지.

흘러버린 세월 탓에 비키니를 입고 만날 순 없겠지만 아기 띠는 훌렁 벗어 던져버리고 기저귀 가방 대신 핸드백을 사뿐히 들고 만나는 그날이 분명 올 테지. 어쩐지 그 순간이 기대된다.

# 내 아이를 지키기 위하여

"한 명의 아이를 키우기 위해서는 온 마을이 필요하다."

공동체의 따스한 관심과 책임 아래 아이는 온전히 성장할 수 있다는 뜻의 아프리카 속담이다. 아이를 키우는 것은 부부의 일이 확실하지만 부부의 힘만으론 아이를 길러내는 건 아주 힘든 일이라는 걸 두 녀석을 기르면서 깨달았다. 마을까진 아니더라도 주변 사람의 도움은 확실히 필요하다.

얼마 전에 아이를 낳은 친구에게 전화가 걸려왔다. 아이를 먼저 기른 나의 조언을 듣고 싶어 했다. 산후 조리원에서 2주간 몸조리를 한 후 산후도우미의 도움을 받아야 할까, 말아야 할까를 두고 남편과 고민을 하고 있다고 했다. 남편이 출근한 동안은 혼자 집에서 아이를 돌봐야 하는데, 한 번도 해 본 적이 없으니 그 고됨의 강도가 어느 정도인지 예측이 안 된다고 말했다.

아이를 키우는 일은 겉으로 보이엔 무척 단순해 보인다. 먹이고, 재우고, 닦이면 끝인 것처럼 보이지만, 실상은 그렇지 않다. 나의 우주에 새로운 영역이 열린 것이다. 어느 날 반짝 하고 빛을 내기 시작한 한 생명은 내게 나지막이 이야기 한다. '미지의 세계에 오신 걸 환영합니다.'

발을 디디면 땅인지 바다인지, 늪인지 모르는 어두컴컴한 곳에서 한발 한발 앞으로 나아가는 것이다. 조심스럽고 신중하게 아이와 관련된 모든 일에 대해 알아가야 한다. 그 과정은 절대 쉽지 않다. 이미 미지의 세계를 경험한 적 있는 누군가의 도움은 컴컴한 곳을 비추는 플래시와 같이 힘이 된다. 나의 세계 모든 곳을 밝혀주지 않아도 괜찮다. 앞으로 나아갈 용기는 작은 빛에서 샘솟기 마련이니깐. 경험해 본 자의 적절하고 친절한 조언은 위안과 위로, 그 자체다. 앞으로 나아가기 한결 편안해진다.

아직 성치 않은 몸으로 아이를 온종일 혼자 보는 건 힘들 수도 있을 거라는 나의 말을 듣고 급하게 산후도우미 아주머니를 구했다고 했다. 아주머니가 없었다면 무척 힘들었을 거라고 몇 번이나 이야기한다.

나의 말은 작은 조언에 불과하며 선택 또한 결국 본인이 하는 것이지만 조그마한 정보 때문에 결과가 좌지우지되는 경우가 발생하곤 하니깐. 어쨌든 도움이 되었다니, 그녀도 나도 기쁘긴 마찬가지다.

나 또한 쌍둥이를 키우며 수많은 난관에 봉착했다. 신생아 둘을 키우는 일은 결코 호락호락하지 않았다. 마치 물구나무서기를 한 채 생활하는 것과 같았다. '손이 최소한 한 개는 더 있어야 뭐라도 할 텐데…….'

어른의 손길이 닿지 않으면 그 무엇도 할 수 없는 신생아가 둘이다. 그 둘 중 하나를 안아 젖을 물리고 있으면 나머지 하나는 어쩔 수 없이 누워있어야 한다. 울어도 소용없다. 안고 있는 아이가 젖을 먹을 때까지 울며 기다리게 하는 수밖에.

물리적으로 한계에 부딪히는 순간이 찾아올 때마다 손이 고작 두 개인 게 원망스러웠다. 토닥토닥 아이를 두드려줄 손이 하나라도 더 있으면 참 좋을 텐데. 이 순간에 누군가가 나타나 준다면 얼마나 고마울까. 늘 그런 생각을 했다.

'어떡해, 우리 아기.'

우는 아이를 쳐다보며 마음 아파하는 게 내가 할 수 있는 최선이었다. 가까이에 살고 계신 시부모님이 집에 오면 그렇게나 반가웠다. 손자 두 명이 동시에 태어나고 덩달아 마음이 바빠진 시부모님은 하루에도 몇 번씩 집에 오곤 했다. 일 때문에 긴 시간을 낼 수 없는 걸 무척 안타까워하셨다. 아이 둘을 데리고 동동거리고 있을 며느리가 마음에 쓰여 십여 분 밖에 시간이 안 나도 기꺼이 집에 올라와 아이를 안아주곤 했다.

아이가 없었더라면 지금처럼 시부모님과 가까워질 수 있었을까. 시시때때로 울어대는 두 아이를 사이에 두고 발을 동동 구르며 합세를 하다 보니 어느새 가까워졌다. 자주 보고 의지하고 도움을 받다 보니, 어느샌가 시부모님이 손님이 아니라 가족이 되어있었다. 그렇게 우리는 진짜 가족이 되었다. 아이가 조금 자랐다고 해서 사정이 달라지는 건 아니다. 육아에 어느 정도 익숙해졌음에도 불구하고 누군가의 도움은 늘 필요했다.

한 달에 한 번 친구와 모임이 있다. 결혼하기 전부터 이어오던 모임이다. 부산에서 살 땐 부담 없이 가던 모임이었는데 아이를 낳고 거제도로 이사를 오면서 여러모로 나가기 부담스러워졌다. 그런 내게 모임을 꼭 가라고 당부한 건 남편이었다. 모임이 있는 날이면 부산에 있는 친정 부모님의 집에서 본인이 아이를 돌보겠다고 이야기해 주었다.

남편과 친정 부모님의 도움이 없었더라면, 아마 아이를 낳고 난 이후론 모임을 나가지 못했을 게 분명하다. 친구를 만나 휴식을 하고 오길 바랐던 여러 사람의 도움 덕에 여태 모임을 나가고 있다.

내겐 작은 빛이다. 아이를 안아주기 위해 가게 일 중간중간 집에 올라와 주시는 시부모님, 딸이 하루라도 편히 놀다 오길 바라는 친정 부모님, 그리고 아내의 힘듦을 언제나 인정해 주는 남편. 그들이 내어주는 빛에 안심하고 미지의 세계를 탐험한다.

나에게 빛을 내어주는 이가 가족만 있는 건 아니다. 아이를 키운다는 이유만으로 일면식도 없는 우리 부부에게 작은 도움을 주는 이가 곳곳에 있다. 마트에 아이 둘을 데리고 나온 우리를 보고선 어떤 분은 힘들 텐데 먼저 계산을 하라고 자리를 양보해 주시기도 했고, 한 명씩 아이를 안고 있는 우리 부부를 위해 엘리베이터의 버튼을 대신 눌러주기도 했다.

커피숍에 자리가 없어 돌아가려는 찰나 나이가 지긋하신 어르신 두 분이 우리에게 다가와선 자신들의 자리에 앉으라고 이야기해 주기도 했다. 아이 둘을 키우는 게 얼마나 기특하냐며……. 마침 차를 다 마셨으니 여기 앉으라고 하시며 아이가 건강히 자라길 바란다는 덕담도 해 주셨다.

아이들과 산책하러 나가면 온 마을 할머니, 할아버지의 관심과 사랑 또한 넘치게 받는다. 그들이 보내는 따스한 눈빛과 친절한 말 역시 나에겐 빛이 된다.

모르는 이의 관심을 좋아하지 않았다. 쌍둥이를 낳고 밖을 나갈 때면 으레 쏟아지는 관심의 눈빛이 부담스러웠다. 이란성 쌍둥이라 얼굴은 다르지만, 체구는 비슷한 아이들을 보며 사람들이 한마디씩 묻곤 했다.

"쌍둥이예요? 연년생이에요?"

어쩔 수 없이 대답하거나 괜히 미소만 보이며 그 자리를 떠나기 급급했다.

하지만 이젠 아니다. 쌍둥이이기 때문에 받은 배려가, 아이를 키우고 있어서 받은 친절이 하나 둘 쌓여 말도 못하게 높아졌으니. 타인의 관심이 어느 순간 감사해졌다.

타인의 도움 없이 아이를 키운다는 건 끝없는 모래사막을 혼자 걷는 것처럼 힘들고 고될 것이다. 게다가 외롭기까지 하겠지. 묵묵히 걷는 것 말고는 방법이 없는 이 일에 누군가의 따스한 관심과 배려는 귀하고 귀한 오아시스가 되어줄 것이다. 어두운 밤 나의 앞길을 밝혀주는, 하늘에 총총히 떠 있는 달과 별이 되어주기도 할 것이다. 한 번은 내가 오아시스가 되고, 또 한 번은 누군가가 나의 달빛이 되어주고…….

인생이란 그런 것이 아닐까.

'기도하는 손보다 아름다운 손은 봉사하는 손이다.'라는 말을 들은 적이 있다. 대가 없이 타인을 위해 나의 시간과 정성과 노력, 그리고 마음을 내어주는 것은 아무리 사소하고 작은 것이라도 하찮지 않음을, 대단한 일임을, 아이를 키우면서 배웠다.

## 불편한 참견

많은 이들의 도움을 받으며 살고 있다. 가족, 지인뿐만 아니라 완벽한 타인에게까지. 그들의 관심과 배려는 쌍둥이를 키우는 데 큰 힘이 된다. 캄캄한 밤길을 걸어가다가 만난 노르스름한 불이 켜진 집처럼. 외롭고 쓸쓸해 한껏 가라앉아 있던 기분은 따스한 불빛에 금세 밝아진다. 그 불빛 덕분에 기운이 난다. 자신감은 그렇게 샘솟는다.

하지만 모든 이가 그렇지는 않다. 나 역시 모든 이에게 그러한 관심을 바라지 않는다. 쌍둥이를 낳아 길거리를 다니다 보면 꽤 많은 분이 똑같이 하는 말이 있다. 너무 많이 들어서 이젠 지겨운 그 말들…….

"둘을 한꺼번에 키우면 오히려 낫다."

"아들 둘 키운다고 엄마만 고생하겠네!"

"따로 키우는 것보다 둘 한꺼번에 키우는 게 오히려 쉽지."

"딸 하나 더 낳지. 요샌 딸이 최곤데."

때로는 못 볼 걸 보기라도 한 것처럼 동그랗게 눈을 뜨고 입을 벌린 채 놀란 표정을 짓고선 나를 가만히 쳐다보는 이도 있다. 이젠 인사치레겠거니 생각한다.

'그래, 뭐 틀린 말은 아니지!' 하고 넘어간다.

'저런 반응 보일 법도 하지!' 하고 웃고 만다. 말 한마디 한마디에 마음을 쓰려니, 여간 귀찮아서. 썩 기분 좋은 말은 아니지만 악의는 없으니깐. '걱정'이 되나보다 그러고 만다. 하지만 그 선을 넘는 이가 종종 있다. 고작 나의 한 조각만 보고선 내 전체를 알 것 같다는 듯이 이야기 하는 사람은 여전히 조금 불편하다. '걱정' 이라는 가면을 쓰고 있지만 그 본모습은 '비난'에 불과한. 꿀물인 척하는 설탕물처럼.

아이들이 돌이 조금 지났을 무렵 참 오랜만에 친정 식구와 나들이를 한 적이 있다. 아장아장 걷는 그 걸음이 귀여워 어디든 데리고 가 풀어놓고 싶었다. 그런 마음으로 친정 식구와 간 나들이였다.

푸르고 드넓은 바다와 그 옆에 자리한 공원. 해안 고속도로같이 바다를 에워싼 공원의 모습에 감탄이 절로 나왔다. 아이의 기분도 한껏 고양되면 좋으련만. 이곳의 바다와 공원에 기뻐하면 좋으련만. 내 마음 같지 않다.

태어날 때부터 기질적으로 순한 둘째와 그에 비해 예민한 첫째. 낯선 곳에 가면 둘의 반응은 늘 그렇듯 달랐다. 아니나 다를까, 역시나 반응이 다르다.

둘째는 할아버지, 할머니 손을 잡고 걸으며 꽃도 보고, 나무도 보고, 바다도 본다. 태어난 지 이제 겨우 일 년이 넘은 아이의 눈에 모든 것이 새롭다. 은은하게 나는 식물의 향기도, 철썩철썩 치는 바다의 파도도 아이에겐 기쁨이다.

나들이를 나온 게 후회되지 않을 만큼 즐기는 둘째를 보며 우린 모두 흐뭇

했다.

하지만 문제는 첫째. 뭐가 불편한지 차에서 내리기 시작했을 때부터 짜증이다. 손을 잡자고 하면 길바닥에 주저앉아 버리고, 물이 고여 있는 웅덩이에 들어가지 못하게 하면 울어 버리고, 잔디밭에 들어가선 무얼 찾기라도 하는 사람처럼 기어 다닌다. 좋아하는 간식마저 통하지 않으니 난감하다. 남편도 나도 지쳐갔다. 저 조그마한 녀석에게 기합이라도 받는 것 마냥. 도무지 통제가 안 된다. 둘째와 함께 풍경을 즐기고 있던 친정 부모님이 가세해도 막무가내다.

'재가 왜 저러지.'

그날은 작정하고 온 사람처럼, 이 작은 녀석은 우리 모두를 힘들게 했다. 공원에 도착하여 차에서 내릴 때부터 짜증을 부린 아이였다. 마음 같아선 집으로 돌아가고 싶었지만, 그럴 순 없었다. 함께 나온 이들도 있지 않은가. 모두에게 좋은 시간을 선물해 주고 싶었다.

시간이 조금 지나면, 아름다운 풍경 속을 걷다 보면 아이의 기분 역시 나아지지 않을까 생각하며 나들이를 강행했다. 하지만 끝내 아이는 기뻐하지 않았다. 마지막 수로 아이의 손에 핸드폰을 쥐여 줬다. 쥐여 줄 만한 게 핸드폰 말곤 없다. 장난감 하나 갖고 나오지 않았다니……. 하!

손에 무언가가 있다면, 아이가 조금은 진정하지 않을까 싶은 마음에 주머니에서 핸드폰을 꺼내 주었다. 아니나 다를까. 잔뜩 짜증이 나 있던 아이가 얌전해졌다. 평소에 만져볼 일이 잘 없는 휴대전화에 흥미를 느끼기 시작했다. 자리에 가만히 앉아 휴대전화를 두드려보기도 하고, 흔들기도 하고, 또 입에 쑤셔 넣기도 하면서 논다. 그 덕분에 공원에 도착해서 내내 아이를 쫓아다니느라 진이 쏙 빠진 나와 남편은 벤치에 앉아 쉴 수 있었다. 아이를 바라보며 바람을 씌었다. 조용히 바다를 바라보았다.

"요새 젊은 사람들은 나와서도 애들한테 휴대전화만 쥐여 주더라."

"저거 없이 애 못 키우는가. 애한테 얼마나 안 좋은데."

정신이 번쩍 들었다. 주변을 둘러보았다. 가족 한 무리가 우리 곁을 지나가고 있다. 그들 곁에 있는 아이라곤, 핸드폰을 쥐고 있는 아기라곤, 우리 아기밖에 없다.

'아! 지금 우리를 보며 하는 소리였어?'

목구멍에 무언가가 걸린 것 같다.

'아니에요, 오늘 처음이었어요!'라는 말이, 억울한 내 마음이, 목구멍에 컥 하고 걸린 거겠지. 마음이 일순간 가라앉았다.

'내가 어떤 마음으로 아이한테 휴대전화를 쥐여 줬는지 모르잖아요.'

유유히 걸어가는 그들의 등을 바라보았다. 가만히 바라보기만 했다. 아이가 무척 보챘지만, 그래도 가족과 함께 나들이를 할 수 있어서 기쁘다고 생각하고 있었는데……. 괜히 나온 것 같다. 그 이후로도 그날을 생각하면 입에서 쓴맛이 맴돈다.

아이를 키우는 부모마다 한가지씩은 있다. 그 무엇보다 중요하게 생각하는 것. 어떤 부모는 밥의 양, 또 어떤 부모는 놀이의 환경, 또 누군가는 수면의 양과 질 같은 것.

우리 부부는 아이의 수면시간을 무엇보다 중요하게 생각한다. 아이를 위해서도 물론이거니와 쌍둥이를 키우며 그나마 사람다울 수 있으려면, 아이를 일찍 재우는 수밖에 없다고 생각했다. 아이는 세상에, 부모인 우리는 아이에게 적응하고 나서부터는 저녁 7시만 되면 온 집안의 불을 껐다. 아이가 태어나고 4~5개월이 지난 후부터였던 것 같다.

그 습관이 지금까지 이어져 늦어도 8시 반 정도면 잠이 들곤 한다. 가끔 늦은 저녁까지 노는 날도 있었지만 그건 아주 가끔이었다. 보통 그러한 날은 집에 손님이 왔을 경우가 대부분이다.

우리 가족이 늦은 밤, 어딜 나가거나, 외출하는 일은 거의 없었다. 시골 생활이었기 때문에 가능한 일인지도 모르겠다. 바다 너머 마을의 아련한 네온사인만이 별처럼 반짝이는 곳이니깐.

이른 취침은 그렇게 자연스럽게 이루어졌다. 덕분에 남편과 나는 저녁이 있는 삶을 살 수 있었다. 남편은 운동을 다니고, 나는 소파에 몸을 파묻고 책을 읽었다.

이사 와서 처음으로 지역 축제에 가기로 했다. 낮에 열리는 축제엔 몇 번 다녀온 적 있지만, 야심한 밤에 축제를 즐기기 위해 집을 나선 건 아이를 낳고 난 후 처음 있는 일이다.

역시 여름은 밤이지. 한여름 밤의 꿈. 이미 외출을 할 때의 시간이 밤 8시였다. 보통 같으면 이불속에 쏙 하고 들어가 있어야 하는 그 시간에 외출이라니! 귀가가 아닌 외출이라니!

"밖에 나가는 거 좋아?"

밤이고 낮이고 집 밖이라면 무조건 좋은 쌍둥이는 "네!" 하며 손뼉을 친다.

함께 길을 나선 아버님과 할머님 역시 표정이 밝다. 모두에게 기쁨이 되어주다니. 역시, 여름밤이야! 축제가 한창인 그곳은 이미 한껏 달아올라 있었다. 화려한 무대 위에선 노래자랑이 한창이었고, 줄지어 이어진 푸드트럭에서 솔솔 풍기는 음식 냄새에 벌써부터 즐겁다.

흥분하지 않을 수가 없다. 다리가 불편하여 오래 걷지 못하는 할머님과 풀어놓으면 순식간에 사라져 버리고 말 것이 분명한 두 아들과 함께할 수 있는 일이라곤 자리에 앉아 맛있는 음식을 먹으며 눈으론 지나가는 사람을 구경하고, 귀론 무대에서 흘러나오는 노래를 들을 수밖에 없었지만, 그것만으로도 충분하다. 이 밤에 한껏 들뜬 사람들 사이에 섞여 있을 수 있다는 것만으로도 기쁘다. 모두가 웃고 있는 장소에서 우리도 함께 웃고 있으니, 비록 무대가 보이지 않아도, 축제의 곳곳을 구경하지 못해도 좋기만 하다.

축제에 온 아이들 손에 하나씩 들려있던 LED 풍선을 가만히 보시던 아버님은 결국 그 비싼 풍선을 두 개나 덜컥 사 오셨다. 방긋 미소지으며 풍선을 흔드는 할아버지의 모습에 두 아이는 무척 행복해했다. 나였으면 절대 사주지 않았을, 하나에 만원이나 하는 그 풍선.

풍선을 주는 이도, 받는 이도 한껏 들떠 있다. 밤하늘에 떠 있는 그 어떤 별보다 그들의 눈은 초롱초롱 빛이 난다. 이 비싼 풍선의 역할은, 진짜 역할은 그것이었으리라. 두둥실 떠 있는 풍선을 한참이나 올려다보더니, 둘이 동시에 벌떡 일어난다. 풍선을 들고 걷고 싶다는 뜻이겠지. 많은 아이들이 풍선을 하늘에 띄워두고선 소리치며 걷고, 뛰고 있으니 본인들 역시 가만히 있을 수만은 없었겠지. 하는 수없이 아이와 함께 일어났다.

아이는 풍선을 들고 정처 없이 걷고, 또 걷는다. 사람들 사이를 요리조리 잘도 뚫고 다닌다. 그런 아이를 놓칠세라 아이가 띄워놓은 풍선 끝을 잡고는 그 뒤를, 아이가 밟고 간 그 길을 천천히 따라 걸었다. 그러면서 축제 현장 여기저기를 구경했다. 한 무리의 아주머니들이 앉아 있는 곳을 지나가는데 그중 누군가가 이야기하는 소리가 들린다. 또렷하게.

"저렇게 어린애를 이 시간에 데리고 나오네. 요샌 젊은 엄마들이 다 저러더라."

"애들이 우선이지. 하여튼 간에."

왜 저런 소리는 이토록 잘만 들리는 건지. 안 들려도 되는데. 나를 향해 어떤 소리를 하건 그건 그들의 자유다. 하지만 나 역시 듣고 싶지 않은 말은 듣지 않을 자유가 있지 않은가.

'조금 조용히 이야기하지. 내 귀에 들리지 않게!'

울컥 억울함이 솟구친다. 내 삶을 속속들이 아는 이의 조언이 아니다. 그 순간의 한 장면만을 보고 나의 전체를 다 아는 것처럼 이야기하는 건 굉장히 속상하다. 그저 못 들은 척 그 자리를 지나가 버리는 게 내가 할 수 있는 최선이라 여겨져 자리를 서둘러 피하고 말았지만 내 귀에 또렷하게 남은 그 말은 한참이 지나도 내 귓가를 자꾸만 맴돈다.

아무렇지 않게 타인의 이야기를 하던 시절이 있었다. 그들의 전후 사정은 생각해 보지도 않은 채, 찰나의 장면을 보고 느낀 대로 말하던 시절이 나에게도 있었다.

수년 전 일본여행을 위해서 탄 비행기에서 있었던 일이다. 내 뒤에 젊은 부부와 2~3살 남짓 보이는 아이가 앉았다. 아이는 불안한지, 불편한지 내릴 때까지 울어댔다.

나도 모르게 어린아이의 부모를 흘깃 쳐다봤다. 나의 그 흘깃거리는 시선엔 '어린애를 데리고 여행이 그렇게나 가고 싶었나 봐.' 라는 비난이 섞여 있었다. 그들이 정말 여행을 가는 건지, 또 다른 목적에 의해 어쩔 수 없이 비행기를 탄 건지 조금도 생각해 보지 않았다. 아니, 못했다. 설령 진짜 여행을 가는 것이라 해도 우는 아이를 달래느라 자리에 앉지도 못한 채 아이를 어르고 달래던, 곧 울 것 같았던 아이 엄마의 곤욕스러움에 대해서는 생각하지 못했다. 만약 나의 여동생이 그러한 처지에 놓여있었더라면 그때 난 어떠한 마음으로 그 모습을 바라보았을까. 적어도 흘깃거리며 차가운 눈길을 주진 않았을 테지.

물론 비행기 안에서 타인을 위해 조용히 하는 것은 당연한 일이며 타인을 불쾌하게 하는 상황 같은 건 만들지 않으려고 노력하는 것이 옳다. 나의 시간을 방해 받지 않을 권리는 분명히 있으니깐. 하지만 현실은 마음처럼 되지 않기도 하며, 가끔은 어쩔 수 없는 상황이 생긴다는 걸 이해해 줄 수도 있지 않을까.

타인을, 타인의 인생을 좀 더 너그럽게 바라봐 주는 것. 그것은 결국 나를 위한 일이기도 하다. 한 사람의 온기가 세상 곳곳을 따스하게 만들어 준다고 믿으니깐. 그리고 그 따스한 빛은 드넓게 퍼져나갈 테니깐. 조금 더 따스해진 곳에서 내가, 내 아이가 살아가게 될 테니깐.

나를 잘 알지도 못하는 이들의 오지랖 넓은 참견은 여전히 불편하다. 굳이 하지 않아도 될 말로 상대방의 기분을 상하게 만드는 무례함에 가끔은 화도 난다. 그때마다 처음 만났음에도 내게 친절했던 수많은 사람들을 떠올리기로 했다. 이 세상엔 무례한 사람보단 친절하고 상냥한 사람이 더욱 많으니까.

그렇게 생각하면 마음이 조금 밝아진다. 미움이 가득 차오르던 마음에 다시금 공간이 생겨나기 시작한다. 그렇게 생겨난 공간에 채워 넣는 거다. 미움대신 온기를.

이 세상엔 무례한 사람보단 친절하고 상냥한 사람이 더욱 많다는 사실을 잊지 않는다면, 마음은 다시 따스해지지 않을까.

## 엄마 렌즈

남편이 말한다.

“내 자식한테는 너무나 관대해져. 객관성이 떨어지는 것 같아.”

무슨 말인가 싶어 물끄러미 쳐다봤다. 남편은 아이들의 세 번째 영 유아 검진을 예약하기 위해 건강인 사이트에서 발달선별 검사지를 작성하고 있었다. 작성할 게 왜 이렇게 많냐고 투덜거리더니, 어느샌가 조용하다. 몰입하고 있는 것이겠지. 마치 수능 문제를 푸는 수험생처럼 곧은 자세와 심각한 표정으로 문진표를 체크 하는 모습을 보며 쓸데없이 진지하다는 생각을 하고 있던 찰나에 뜬금없이 저런 말을 내게 했다.

“뭐?”

“이걸 작성하면서 깨달은 게 있어.”

“뭔데?”

"잘 들어봐. '정확하진 않아도 두 단어로 된 문장을 따라 말한다.'라는 질문에 대한 답에 내가 뭐라고 체크했냐면 '할 수 있는 편이다.'에 체크를 했어. 근데 생각해 보면 애들이 그렇게 말한 적이 몇 번 없잖아. 그럼 '하지 못하는 편'이라고 하는 게 맞는데 한 번은 했으니깐 '할 수 있는 편이다'에 체크 하는 거야. 모든 것에 그래. 잘 못 해도 '하지 못하는 편이다.' 가 아니라 '할 수 있는 편이다.'에 체크해. 한 번은 했으니깐. 그럼 앞으로 잘할 거니깐. 부모가 되니깐 언제나 냉정했던 이성적 경계가 모호해지는 것 같아."

피식 웃었다. 가만히 생각해 보니 남편의 말이 상당히 일리 있게 느껴졌다. 내 자식을 바라볼 땐 한없이 너그러워지는 '엄마 렌즈'가 내 눈에 장착된다. '엄마 렌즈'는 때때로 이성까지 마비시켜 버린다. 공정성과 냉철함이 희미해진다.

아이를 낳고 입에 달고 살았던 말이 있다. '뭘 해도 다 예뻐.' 그냥 하는 말이 아니다. 똥을 싸고, 토를 해도 내 자식은 그냥 다 예쁘다. 내 아이가 특별해서 '엄마'라고 일찍이 말할 수 있게 된 것만 같고 내 자식이 똑똑해서 나의 말에 곧잘 반응하는 것만 같다.

"내 새끼. 이런 것도 할 줄 알아? 세상에!"

애 키우는 부모는 전부 거짓말쟁이라는 옛말이 있다고 했다. 어머니가 자주 했던 말이다. 옹알이를 막 시작했던 아이가 울면서 '어마아아' 하는데 그 순간 어머니와 눈이 마주쳤다.

"엄마라고 했지?"

"엄마라고 했죠?"

다른 이가 보았다면 그냥 울음소리로 들렸을 법한 그 소리에 어머니와 나는 기뻐했다.

"우리 손자는 벌써 말도 할 줄 알고, 너무 똑똑해요."

아이를 향해 그렇게 이야기하시곤 본인도 거짓말쟁이가 다 된 것 같다며 웃으셨다. 경계가 애매모호해 지고 자식 일이라면 뭐든 좋게 보이는 이상한 현상. 부모가 되면 그 누구에게나 생기는 병이려나.

'세상 그 누구보다 내 자식이 반짝반짝 빛나 보이는 병'. 엄마이기 때문에, 부모이기 때문에 생기는 불치병. 자식이 아무리 나이를 먹어도 부모 눈엔 그저 예쁜 내 자식이다. 부모인 이상 결코 고칠 수 없는 증상이다.

우리 엄마는 친구에게 나를 소개할 때면 '속 한번 안 썩인 딸'이라고 말한다. 금방 다퉜으면서. 어머니는 세상에 이런 착한 아들이 없다고 하신다. 결혼하기 전엔 자식 자랑을 하는 부모들을 보면 온몸이 오글거렸다. 왜 저런 거짓말을 하는 걸까 속으로 의아하기도 했다. 궁금해서 물어보기도 했었다.

"엄마, 왜 자꾸 남들한테 거짓말을 해?"

"내가 언제. 거짓말 아니야."

이젠 조금 알 것 같기도 하다. 그들은 정말 거짓말을 하는 게 아닌 거다. 그들의 눈에도 내 자식이 세상 그 누구보다 예뻐 보이는 '엄마 렌즈'가 장착되어 있을 뿐. 남들이 다 하는 것도 내 자식이 하면 '특별'해 보이는 '엄마 렌즈' 엄마가 되어야지만 비로소 알게 되는, 엄마의 마음 말이다.

내 자식을 예뻐하는 부모의 마음을 막을 이유는 전혀 없지만, 여기서 한 가지 주의해야 할 점은 분명히 있다. 나에게 내 자식이 제일일 것처럼, 이 세상 모든 아이 또한 누군가에겐 귀한 자식이라는 걸 잊지 않는 것.

'내 자식만큼 남의 자식도 소중하다.'라는 말에 절절히 공감했던 것도 아이를 낳고 나서부터였다. 손에 닿으면 깨질까, 바람 불면 날아갈까 그렇게 애지중지 내 새끼를 품어보니 비로소 세상 모든 아이의 귀함을 진심으로 느낄 수 있었다.

결혼하기 전 유치원 교사로 재직하던 시절. 아이를 유치원에 입학시킨 뒤 안절부절못하는 부모를 숱하게 봐 왔다. 아이를 처음 유치원을 보내는 부모는 대체로 그러했다. 아이보다 엄마가 훨씬 더 불안해한다. 아이의 손을 꼭 잡고는 '다닐 수 있겠어? 우리 ○○인 씩씩하니깐 잘할 수 있지?' 여러 번 묻는다.

가만히 듣고 있으면 아이에게 하는 말이 아닌 것 같다. 본인에게 '나 얘를 잘 보낼 수 있겠지?' 하고 묻는 것 같이 들린다. 아이보다 엄마가 더 초조해하는 모습을 보며 '뭐 저렇게까지 걱정하나.' 생각하곤 했다. 수업 중에 수시로 전화 오고, 아이가 오늘은 무얼 했는지 일일이 묻고, 심지어 집에 가는 발걸음이 떨어지지 않는다며 수업하는 걸 몰래 보고 가면 안 되냐고 보채는 모습을 보며 뒤돌아 고개를 절레절레 젓곤 했다.

물론 여전히 타인에게 민폐를 끼는 자식 사랑은 이해할 순 없지만, 자식 일 앞에서 벌벌거리는 부모의 마음은 완벽하게 이해할 수 있게 되었다. 타인의 처지를 이해하기 위해서는 타인과 똑같은 입장이 되어 보는 수밖에 없다더니. 엄마가 되고 나서 수년 전 유치원에서 만난 '엄마들'이 생각났다. 어린이집에 아이를 처음 보내곤 매일같이 염려하고 걱정하던 친구의 모습이 떠올랐다. 그들에게 조금 더 다정하게 대해줄걸. 뒤늦은 후회가 밀려온다.

'키워보니 알 것 같아. 그 마음.'

어린이집의 미끄럼틀을 보고 좋아하는 아이들 옆에서 혼자 수없이 고민했다.

'잘 보낼 수 있을까?'

'아이가 여기서 잘 적응할 수 있을까?'

'너무 이른 건 아닌가?'

고민 없이 보낼 수 있을 거로 생각했는데, 그들과 다를 것 하나 없는 표정과 생각으로 마음이 복잡했다.

'하, 이래서 직접 겪어봐야 안다고 하는구나.'

이제는 잘 안다. 기관을 보내기 전, 걱정으로 가득한 지인의 마음을.

"잘 다닐 수 있을 거야."

마음을 담은 따스한 말 한마디에 무한의 힘을 얻을 수도 있다는 것 또한 아이를 낳고 난 후 완벽하게 깨달았다.

'내 아이만큼이나 남의 아이도 귀하다.'

그런 마음으로 다른 이의 아이를, 부모를 바라봐 준다면 아이를 키우기에 조금 더 좋은 세상이 되지 않을까. 더불어 타인에게 민폐를 끼치는 몰상식한 행동도 자연스레 줄지 않을까.

넓은 시야, 따뜻한 시선을 가진 사람이 되고 싶다. 나의 렌즈가 '내 아이'에게만 머무르지 않도록 세상 곳곳을 들여다보며 살아야겠다. '엄마'가 되었기 때문에 자연스레 얻은 '세상을 따스하게 바라보는 능력'을 흘려보내지 않도록 노력해야겠다. 타인에게 쏟은 나의 따스함이 돌고 돌아 나의 아이에게까지 전해지길 바라며.

결국 이 또한 '내 아이'를 위하는 이기적인 생각이 되어버리고 말았지만 그럼에도 불구하고 그렇게라도 세상 곳곳에 온기가 가득 퍼지길 바란다.

## 함께 키우고 있다

이제 24개월이 막 지난 아이가 검사자 앞에 앉아 있다. 부모는 그 어떤 도움도 줄 수 없다. 그저 묵묵히 지켜보는 수밖에. 아이에게 쏟아지는 질문을 들으니 마음이 복잡해진다.

'이건 집에서 해준 거잖아.'

'할 수 있으면서 왜 안 하는 거야!'

'아! 저런 것도 가르쳐 줬어야 했구나.'

아이의 발달상황을 체크 하는 영 유아 검진이 왠지 부모 자격을 검사하는 것만 같아 초조했다. 작년 이맘때 2차 영유아 검진을 했다. 부모가 미리 작성한 발달선별 검사지를 갖고 아이의 발달 사항을 검사자가 체크한다. 이를테면 잡고 설 수 있는지, 까치발을 들고 있을 수 있는지 등……. 당시 우리 부부는 12개월밖에 안 된 아이들이 울지 않고 편안하게 검사 방에서 나오는 것, 그거 하나에 모든 신경을 쏟았다. 검사에는 크게 관심을 두지 않았다. 평소 상호작용도 잘 되고, 걷기도 했으니깐. 잘 먹고 잘 크고 있었으니깐. 다른 아이들보다 조금 작은 것 같았지만 태어날 때부터 작았으니 문제없다. 두 아이가 우는 상황만 만들지 말자고 생각했다.

그리고 1년이 지난 오늘, 3차 영유아 검진을 하러 갔다. 이번에도 가벼운 마음으로 선생님과 인사를 나눴다. 제법 컸으니 작년보다 훨씬 수월하게 검사가 진행되겠지 막연히 생각하며.

하지만 처음부터 난관에 봉착했다. 아직 90cm가 안 되는 아이는 키 재는 침대에 누워서 키를 잰다. 아이를 눕히려고 하는데 절대로 눕지 않겠다고 고집이다. 몸을 비틀고 소리를 지르고 엉엉 운다. 그냥 누워 있기만 하면 되는데…….

작년엔 가만히 잘 누워있더니. 아무리 달래도 요지부동이다. 게다가 1년 사이에 힘이 너무 세졌다. 키를 재기 위해 선생님은 머리를 잡고 아빠는 다리를 잡았지만 결국 제대로 키를 재지 못한 채 땀만 흠뻑 흘렸다.

'아, 쉽지 않아.'

침대 위에서 고래고래 소리를 지르며 발버둥 치는 첫째의 모습을 본 둘째 녀석은 조용히 문고리를 잡고 나가려고 한다.

'어딜…. 이리와.'

그렇게 스펙터클하게 시작된 영 유아 검사였다. 3차 영 유아 검사 발달선별 검사지는 남편이 작성했다. 이번 영 유아 검사에선 어떤 것들을 체크하는지 모른 채 병원에 갔다. 생각보다 난이도가 있는 질문에 흠칫 놀랐다.

"찬아, 이것 봐. 여기 오리, 토끼, 돼지, 소가 있어. 우리 오리를 찾아볼까?"

손가락만 한 동물모형을 아이 앞에 두고 질문한다.

'이건 오리야, 이건 토끼야.'

동화책을 보면서 잠깐씩 이야기해 준 적은 있지만 동물 네 마리를 동시에 두고 찾아보라고 시켜본 적은 한 번도 없다. 초조하게 지켜보았다.

'이럴 줄 알았으면 연습이라도 한번 해 볼걸.'

괜한 자괴감이 밀려온다. 하지만 아이는 정확하게 오리를 잡았다. 그리고 나머지 동물 역시 용케 집어낸다.

'재 뭐야. 어떻게 알고 있는 거지.'

나도 모르는 사이에 입꼬리가 올라갔다. 주책인 줄 알지만 미소가 지어졌다. 둘째를 안고 검사자 뒤에 서선 소리 없이 빙그레 웃었다. 선생님이 보면 민망하니깐. 아이를 안고 의자에 앉아 있던 남편 역시 눈은 웃지 않는데 입꼬리가 슬쩍슬쩍 올라간다. 숨길 수 없는 저 미소.

이번엔 색깔 찾기다. 빨간색, 노란색, 파란색, 초록색을 찾아보라고 했다. 아이는 무슨 소리인가요? 라는 표정을 짓더니 괜히 딴 짓 이다. 몇 번을 더 물었지만 결국 빨간색을 찾지 못했다. 끝내 아쉬웠던지 아이를 안고 있던 남편이 한 번 더 묻는다.

'찬아, 여기 빨간색이 있네. 초록색은 어디 있지?'

소용없다. 그냥 모르는 거다. 남편의 눈엔 아쉬움이 가득하다. 그다음엔 도형 문제. 동그라미, 세모, 네모 찾기. 혹시나 했는데 역시나 모른다. 하긴 알려 준 적이 없으니 알 리 없다. 속으로 생각했다.

'아! 색깔을 알려줘야 했구나.'

'도형을 벌써 가르쳐 줘야 하는 거였어?'

내겐 아이의 발달검사 현장이 월드컵 4강보다 더 짜릿했다. 긴장감이 넘쳤다. 손에 땀을 쥐는 경기처럼.

아이가 아빠 무릎에 앉아 선생님의 지시에 이리저리 움직이는 모습을 보니 언제 저렇게 컸나 싶어 마음이 울렁거린다.

'많이 컸네. 내 새끼.'

검사가 모두 끝났다. 전체적인 발달 진행 상태는 양호한 편이었다. 다만 한 가지 문제가 있다면 키가 여전히 작은 편이라는 것. 많이 컸다고 생각했는데 평균이 되려면 아직 멀었구나. 부모가 되고 보니 잘하는 수 가지보다 부족한 한 가지에 무척 애가 쓰인다는 사실을 깨달았다. 다른 건 모두 정상이라는 말은 어느새 잊혔다. 평균보다 키가 작다는 그 말만 내 귓가를 맴돈다. 그렇게 씁쓸해진 채로 병원 밖을 나왔다.

남편과 차를 타고 집으로 돌아가는 데 남편의 입이 바쁘다. 마치 축구 경기가 끝나고 경기 하이라이트를 방송하는 것처럼 남편은 조금 전의 상황을 회상했다.

"난 찬 이가 동물을 못 찾을 거로 생각했는데 찾더라? 언제 저런 걸 안 거지? 하여튼 웃겨."

"우리 집에 모형이랑 색깔을 갖다 놓고 종종 물어 봐야겠더라."

"집에 그런 게 없어서 애들이 몰랐던 것 같아."

그러면서 이야기한다.

"나도 작았어. 어렸을 때 너무 작아서 엄마가 별의별 것 다 먹였다니깐. 근데 크잖아. 그러니깐 신경쓰지 마."

키가 작다는 말을 들은 후부터 부쩍 말수가 적어진 내가 신경 쓰였나 보다.

"뭐야! 벌써 등수 매겨서 경쟁을 부추기는 거야?"

"아직 클 날이 얼마나 많이 남았는데!"

아이의 현재 발달상황을 간편하게 알려주기 위해 백분위로 검사 결과가 나온다는 걸 알면서 남편은 괜히 볼멘소리다. 그게 반가워 웃음이 픽 하고 나왔다. 매번 '할 때 되면 다 하지.' '클 때 되면 다 크지'로 일관하던 사람이었다. 그런 그의 모습이 때때로 섭섭했다. 똑같이 부몬데 나 혼자 발을 동동 구르고 있는 것 같다는 생각이 들어 화가 날 때도 있었다.

아이와 잘 놀아 주는 아빠였지만 나와는 다르게 '뭐든 괜찮아. 놔둬'로 일관하는 그가 야속하기도 했다. 그런 그가 나와 같이 초조해하고, 놀라고, 감탄하며 아이를 지켜봤다고 생각하니 부모는 역시 어쩔 수 없구나 싶어 괜히 웃음이 났다. 집으로 돌아오는 내내 아이의 검사에 대해 종알종알 이야기하는 남편을 보고 있자니 앞으로도 아이를 키우는 일이 외롭진 않겠구나 싶다.

"맞아! 왜 경쟁을 시키고 그러냐. 경쟁시킬 거면 저지레 력 같은 걸 시켜보지. 그럼 우리 애들이 1등인데."

"집 어지르기, 엄마 말 안 듣기 이런 대회 나가면 1등감이구만!"

괜히 투덜거리는 남편의 볼멘소리가 반갑고, 귀여워 나 역시 큰 소리로 맞장구를 쳤다. 아이의 작은 키 때문에 내내 마음이 좋지 않았는데, 남편과 이런 저런 이야기를 나눴더니 불안했던 마음이 이내 안정된다. 남편과 함께 라면 아이의 키 정도는 키울 수 있겠다 싶은 생각이 들어 든든하기까지 하다.

나와 같은 고민을 해주는 누군가가 있다는 건 정말 큰 힘이 된다. 집에 돌아가면 남편은 평소와 같이 '됐어. 그냥 두면 다 커.'라고 말할 확률이 훨씬 더 높지만, 그 말이 예전처럼 섭섭하게만 들리지 않을 것 같다. 남편의 진짜 마음은 병원에서 나와 함께 몰래 웃고 초조해하던 그 모습일 테니깐. 오늘의 행복한 이미지를 나는 오래도록 두고두고 간직해야지.

"여보, 나라고 걱정 안 되겠어? 나, 아빠야."

아이가 아파서 병원을 가던 날, 나와는 다르게 태연한 그의 모습을 보며 투덜거린 내게 그가 조용히 했던 말이었다.

'함께 키우고 있다.'

그 모습은 조금 다를지라도 아이를 향한 마음은 같다는 걸 기억해야지. 가끔 내비치는 그의 진심에 내 안에 남아 있던 외로움과 초조함 그리고 불안이 공기처럼 빠져나가 사라진다. 그 또한 나로 인해 부모이기 때문에 생기는 흔들림과 고통이 치유되고 있을까.

'상대방을 외롭지 않게 만드는 것.'

아이를 함께 키우는 부부가 서로에게 갖춰야 할 최소한의 예의라고 생각한다.

## 계획과 눈치 사이

다들 여름이 제격이라고 말한다. 겨울엔 추워서 힘드니 여름에 시도해 보라고 입을 모은다. 게다가 날씨가 더운 탓인지 아이들도 자꾸만 기저귀를 벗겨 달라고 아우성이다.

'기저귀를 뗄 때가 온 건가.'

하지만 나는 아직 자신이 없다.  마음의 준비가 아직 덜 된 상태다. 이제 겨우 단어 몇 개로 의사 표현을 하는 아이들과 기저귀 떼기를 하려니 눈앞이 캄캄하다. 겪어 보지 않아도 뻔 한 그 광경들. 흡사 배변 훈련이 안된 강아지 두 마리를 키우는 집처럼 여기저기에서 똥과 오줌이 발견될 걸 상상하면 아찔하기만 하다. 그래서 미루고 있었다.

'내가 계획 한 때가 되면 하라고!'

어린이집에서 전화가 왔다. 배변 훈련을 시작하는 게 어떻겠냐고. 영유아 검진하러 갔을 때 의사 선생님도 말씀하셨다. 이젠 배변 훈련을 시작해 보는 것도 좋을 거라고.

'해야 하는데. 해야 될 텐데. 진짜 자신 없어.'

방학 동안 집에서 배변 훈련을 시작해 봐야겠다고 결심했다. 기저귀를 벗겨 놓으면 가끔 아기 변기에 앉아 오줌을 받아 오곤 하는 둘째 아이를 보며 이제는 모르는 척할 순 없겠다는 생각이 들었다.

'그래, 이왕 해야 하는 거 지금 해 보자.'

틈날 때마다 이야기했다.

"변기에 가서 쉬해야 해."

"응가 하고 싶으면 엄마한테 응! 하고 이야기해."

금방이라도 기저귀를 뗄 것처럼 하던 아이들은 멍석을 깔아주니 되려 모르는 척이다.

"변기에 앉아 볼까?"

"으응(고개를 절레절레)"

힘을 주고 있는 듯해서 얼른 변기에 앉히면 누던 똥도 멈춰버린다. 눌 기미가 보이지 않아 기저귀를 입혀 주면 그제야 똥을 싼다.

'뭐야, 어떻게 해야 하는 거야.'

오늘은 아이들이 좋아하는 경찰차, 소방차가 그려진 팬티를 입혀 줬다. 자신의 엉덩이에 좋아하는 그림이 그려져 있는 걸 보고선 짧은 목을 뒤로 돌려 몇 번이나 그림을 확인한다.

'귀여운 것들.'

하지만 그 귀여움도 잠시. 조용히 놀고 있던 둘째 아이가 나에게 막 뛰어오더니 팬트를 벗는다. 그와 동시에 팬티에 있던 똥이 우두둑 쏟아졌다.

'아…….'

괜찮다고, 잘했다고 말을 했지만 사실 괜찮지 않다. 이미 냄새도 양도 어른 똥 못지않다. 똥을 치우며 이걸 계속해야 하나 싶은 생각이 들었다.

'하긴 해야겠지. 근데 지금 말고 더 크면 하고 싶다.'

그래서 다시 기저귀를 입혔더니 알아서 벗고 다닌다. 방법이 없다. 기저귀를 뗄 때까지 똥, 오줌을 치우고 다녀야 할 판이다.

아이들이 11개월쯤 되었을 무렵 남편이 모임이 있어 외박을 한 날이 있었다. 조명 하나 없는 어두컴컴한 마을 한구석에서 며느리와 손자만 밤을 지새우게 되는 날이면 어김없이 시부모님이 우리 집에 올라와서 같이 잠을 자 주었다. 그날은 아버님 혼자 집에 올라오셨는데, 하필 그날 첫째 아이가 밤새도록 울었다. 정말 밤이 꼴딱 새도록.

처음 울었을 땐 원래 아이들은 새벽에 종종 깨서 우니깐 대수롭지 않게 생각했다. 잠시 잠을 자더니 또 깨서 울었고 배가 고픈가 싶어 분유도 먹였다. 통 잠을 잘 잤는데 별일이네 싶은 생각은 했었다. 그러고 말겠지 했던 나는 그날 첫째에게 호되게 당했다. 잠시 자다 깨선 한참을 울고, 또 잠시 잠들었다 깨서 한참을 울고.

날이 밝아질 때까지 아이는 멈추지 않고 울고 자고 울고 자고를 반복했다. 아버님도 나도 한숨도 못 잤다. 번갈아 가면서 아이를 안고선 어르고 달랬다. 결국 기진맥진해진 상태로 베란다 창문 너머로 아침 해가 뜨는 걸 나란히 서서 봤다. 어디 아픈가 싶어 겁이 덜컥 났다.

'남편이 오면 병원이라도 가봐야겠다.'

그렇게 꼴딱 밤을 새운 그날 오전, 아이는 여느 날과 다름없이 즐겁게 놀았다. 도무지 아픈 애 같지는 않다. 그럼 도대체 왜 전날 밤에 그렇게 울었던 걸까. 집으로 돌아온 남편과 고민해 보았지만 결국 답을 찾지 못했다.

그날 저녁, 평소와 똑같이 아이를 눕히고 공갈 젖꼭지를 물려 재우려는데 아이가 공갈 젖꼭지를 입에서 쏙 빼더니 집어던져 버린다.

"아! 여보. 얘 쪽쪽이 안 해!"

공갈 젖꼭지 없이는 잠 못 자던 아이였다. 그랬던 아이가 공갈 젖꼭지를 거부한다. 곰곰이 생각해 보니 전날 새벽에 아무리 공갈 젖꼭지를 물려 다시 재우려고 해도 뱉어냈었다. 생각지도 못했다. 그것 때문에 잠을 못 잤던 거라곤! 공갈 젖꼭지는 15개월쯤, 돌이 좀 지나서 떼려고 했었다. 그런데 11개월 된 아기가 혼자 그걸 떼고 있다.

'더 물어도 되는데, 그렇게 밤새도록 울 거면 그냥 물고 있어도 되는데!'

'아직 엄마는 마음의 준비가 안 되어 있는데 혼자 그럼 어떡하니?'

그렇게 마음의 준비가 덜 된 상태로 공포의 공갈 젖꼭지 떼기에 돌입했다. 며칠을 그렇게 밤새도록 울었다. 그러곤 거짓말같이 공갈 젖꼭지 없이 밤새 편안하게 잠을 잘 수 있게 되었다. 신기하다고 생각할 틈도 없이 이번엔 둘째가 그런다. 쌍둥이가 우습긴 우습다. 한 명이 안 물고자니 나머지 한 명 역시 곧장 따라 한다. 며칠을 더 고생한 끝에 우리 부부는 공갈 젖꼭지에서 완전히 해방되었다.

"이젠 이 쪽쪽이와 영원히 안녕이다!"

"쪽쪽이 씻을 일 없다고 생각하니 속이 후련하네!"

아이들이 이유식을 거부하던 시절이 있었다. 10개월 때쯤. 입을 앙다물고 이유식을 거부하는데 속이 부글부글 끓어올랐다. 과일을 섞여서 이유식을 먹여보기도 하고, 좋아하는 치즈를 숟가락 위에 올려 이유식과 함께 줘 보기도 했지만, 모조리 실패.

도무지 먹질 않았다. 이유식 위에 올려놓은 사과나 치즈만 기술 좋게 쏙쏙 빼먹는 아이들을 보며 뒷골이 당긴 적이 한두 번이 아니었다. 초보 엄마였던 나는 마음이 달아올랐다. 억지로 먹여선 안 된다는 걸 잘 알기도 했거니와 엄마의 협박이나 회유가 통하지 않기도 했다. 그저 초롱초롱 한 눈빛으로 나를 보며 입을 벌리지 않겠다고 고개만 절레절레 흔든다.

마음이 많이 상했다. 열심히 만들었는데. 먹지 않는 것은 둘째 치고 괜히 아이 밥도 잘 못 먹이는 엄마가 된 것 같아 기가 죽기 일쑤였다. 그 시절 나는 하루 세 번, 식사시간마다 아이와 밥 전쟁을 치러야 했다. 먹지 않으려는 아이들과 먹이려는 엄마. 그런 나와 아이를 본 친정엄마가 옆에서 "밥에 참기름이랑 깨 좀 넣어서 조물조물 말아줘봐라."하신다. 아무것도 먹이지 않는 것보단 나을 것 같아 그러기로 했다. 그런데 글쎄, 며칠을 굶은 아이들처럼 밥을 받아먹는다. 허겁지겁.

'배신자들….'

'내가 고생고생해서 영양가 있는 것만 넣어서 만들어 놓은 이유식인데……. 그건 안 먹더니…….'

책으로 배운 육아는 경험으로 익힌 육아 기술을 못 따라가는 것인가. 살짝 자괴감은 들었지만 밥을 잘 받아먹고 있는 아이들을 보고 있자니 어쩔 수 없이 엄마 미소가 지어졌다. 그 이후로 아이들은 유아식을 먹기 시작했다. 내 계획대로라면 두 달이나 더 이유식을 먹어야 했다. 하지만 계획대로 되진 않았다.

아무것도 모르는 상태로 엄마가 되었다. 세상에서 가장 귀한 두 녀석을 어떻게든 잘 키워보고 싶어서 책이며 인터넷을 뒤져 나름의 계획을 세웠다. 이유식은 언제까지 먹이고, 쪽쪽이와 기저귀는 이때쯤 떼 주고, 불량한 간식들은 최대한 먹이지 말아야지.

하지만 내가 세운 계획 중 잘 지켜진 것은 거의 없다. 그때마다 계획대로 되지 않는 것에 대해 나름 고민하며 스트레스를 받아왔다. 그러면서 깨달은 게 있다.

내 계획들은 그저 계획에 불과하다는 사실을. 중요한 건 아이들의 마음이라는 것을. 내 계획에 맞춰 아이를 움직이려 해서는 안 될 뿐더러 계획처럼 아이는 움직여 주지도 않는다. 계획보다 더 중요한 건 아이의 마음을 빠르게 눈치채 주는 엄마의 '눈치력'이라는 걸 깨달았다. 나의 계획은 그저 아이에 대한 관심에서 그쳐야 한다.

지금 이 시기엔 어떠한 것을 제공해 주면 좋을지, 문제 행동엔 내가 해줄 수 있는 것은 무엇이 있는지, 관심을 가지는 수단으로 계획을 세워야 한다. 그리고 그 모든 계획보다 제일 중요한 건 아이들의 마음이라는 걸 인정해야 한다. 계획을 세우며 배웠던 육아 지식은 우리 아이의 마음을 눈치 채는 용도로 써야한다는 사실을, 그게 내가 계획을 세우는 목적이라는 것을 잊지 말아야 한다.

아이의 마음을 눈치껏 알아내는 것. 어렵지만 엄마에게 필요한 기술이다.

"형님, 애들은 형님이 원하는 방향으로 절대 움직여 주지 않아요."라고 말하던 동서의 그 말이 이제야 완벽하게 이해가 간다. 계획 많은 엄마는 저 멀리 던져버리자. 대신 눈치 빠른 엄마로 살아보자. 아이의 계획이 곧 나의 계획이라는 걸 잊지 말자.

# 제4장
# 엄마의 탄생

# 엄마의 외출

엄마라면 안다. 아이를 낳고 나면 자유로운 외출은 그야말로 '그림의 떡'이 된다는 것을. 버젓이 바깥세상으로 나가는 현관문이 눈앞에 있지만 나갈 수 없다. 이제 막 태어난 핏덩이에게 바깥바람을 쏘이게 하는 것도 곤란하거니와 젖 물리는 일조차 서툴러 허둥대는 초보 엄마가 아이를 돌봐가며 바깥일까지 본다는 건 무리다. 게다가 난 아기가 두 명이나 있다. 신생아 둘을 데리고 혼자 외출을 한다는 건 상상만으로도 아찔하다.

거실과 안방, 주방, 화장실을 제외하고 집의 나머지 공간엔 발조차 붙이기 힘들 만큼 정신없이 지냈다. 택배를 받기 위해 중문을 열고 나가 현관 문밖으로 한 발과 몸의 반쯤을 뺀 것도 외출이라면 그것이 외출 전부였다.

아이를 낳을 땐 분명히 여름이었는데 언제 계절이 바뀌었는지. 환기를 시키기 위해 열어둔 창문으로 선선한 바람이 불어와 가을이 왔음을 알아챘다. 아이를 낳고 한동안은 바깥세상과 단절하다시피 하며 지냈다.

30년 가까이 부산에서 살았다. 유, 초, 중, 고 그리고 대학까지 부산에서 나왔다. 가족도 친구도 친척도 부산에 있다. 직장생활도 부산에서 했고, 부산 사람과 결혼을 했다. 당연히 신혼집도 부산이었다. 부산을 떠날 거란 생각은 개미 콧물만큼도 하지 않았다. 한 치 앞도 모르는 게 사람 일이라더니, 하필 아기를 낳기 바로 직전에 거제도로 이사를 했다.

낯선 동네에서 외롭게 신생아를 키워야만 했다. 집 밖을 나가지 않았던 이유 중 하나다. 사정이 그러한지라 '나가고 싶다'는 생각이 딱히 들지 않았다. 불러내 차 한잔 같이 마실 친구라도 있었다면 남편이 오는 시간만 손꼽아 기다렸다가 쏜살같이 나가곤 했을지도 모르겠다. 집 근처에 목욕탕이나 운동센터라도 있었다면 그것을 핑계로 바깥바람을 쐬곤 했겠지.

내가 사는 곳은 작은 시골 마을인지라 무엇이든 할라치면 차를 타고 20여 분은 달려 시내로 나가야만 한다. 고된 육아와 낯선 동네, 마음 붙일 친구 하나 없는 이곳에서의 생활이 처음엔 꽤 많이 외로웠지만, 나가도 만날 사람이 없다는 사실이 외출 욕구를 잠재워 주었다. 덕분에 마음의 큰 동요 없이 모든 시간을 육아에 쏟아 부을 수 있었다.

'아, 나가서 뭐해. 만날 수 있는 사람도 없는데 뭐.'

그렇게 집순이가 되어갔다. 하지만 사람이 어떻게 평생 나가지 않고 살 수 있을까. 5개월 정도 집순이 생활을 하고 나니 세상 밖으로 나가고 싶었다. 누구라도 만나서 무슨 말이라도 하고 싶어졌다. 두 아이와 함께 지내는 생활 역시 많이 편안해 졌다. 게다가 남편이 옆에서 부추겼다.

"누구라도 만나봐. 집에만 있으면 우울해지지 않아?"

아이는 알아서 돌볼 테니 나가서 누구라도 만나라고. 정 안 되면 부산이라도 갔다 오라고. 그렇게 가족이 아닌 다른 누군가를 만날 계획을 세웠다.

아이를 재우고 짬짬이 했던 독서를 핑계로 거제도 독서 모임에 나가보기로 했다. 작은 모임에 가입하면 이곳에 사는 사람과 자연스레 친해질 수도 있으니깐. 마침 독서 모임을 시작해 보려고 한다는 글을 지역 카페에서 우연히 봤다. 고민 없이 모임에 참석하고 싶다는 의사를 남겼다.

거제도에서 아이를 키운 지 딱 6개월 만에 가족이 아닌 타인을 만나러 나간 첫 외출이었다. 게다가 혼자. 늘 양옆에 끼고 있던 쌍둥이가 없다는 게 낯설었지만, 몸은 날아갈 듯 가벼웠다. 모르는 사람을 만나 이야기 한다는 것이 부담스럽기도 했지만, 어쩌면 좋은 인연을 만날 수도 있겠다는 기대가 들기도 했다. 다행스럽게도 모임은 생각보다 훨씬 즐거웠다. 책 이야기를 나눈 게 전부였지만 낯선 장소, 새로운 사람, 혼자인 시간이 더해지니 '설렘'이 몸 구석구석, 세포까지 전달된 듯했다.

한 달에 두 번, 모임을 나간 지도 벌써 1년 반이나 되었다. 처음 독서 모임에 나간 게 재작년 2월이었으니 꽤 많은 시간이 흘렀다. 여전히 그때 나갔던 독서 모임을 이어 오고 있을 뿐만 아니라 이제는 내가 독서 모임을 하나 운영하기까지 한다. 아무도 모른 채 혼자서 집순이로 지내던 지난날에 비하면 크나큰 발전이 아닐 수 없다.

엄마에게도 혼자만의 시간이 필요하다는 말은 육아서의 단골 조언이다. 동의한다. 그것도 격하게. 엄마의 손이 절대적으로 필요한 아기와 해도 해도 쌓이는 집안일을 뒤로한 채 집 밖을 나서기까진 마음이 수차례 흔들린다.

'나가지 말까. 나가는 시간에 이것도 할 수 있고, 저것도 할 수 있는데…….'

'나가봤자 딱히 대단한 일을 하는 것도 아닌데…….'

나가고 싶은데 나가기 싫은 이상한 마음. 하지만 바깥으로 딱 한 걸음을 내딛는 순간 깨닫는다. 바깥세상의 상쾌한 공기가 심장까지 파고 들어오는 순간 나오길 잘했다고.

얼마 전 친구에게 전화가 왔다. 병원에 갈 일이 있어 잠시 나왔다고 했다. 아이는 잠시 친정엄마가 돌봐주고 있다고 하면서. 공기가 너무 상쾌해 기분까지 좋아졌다는 친구의 기쁜 목소리를 듣고 있는데, 픽 하고 웃음이 나왔다. 한동안 내린 여름비 때문에 공기가 꿉꿉하고, 습하여 누군가랑 부딪히기만 해도 불쾌지수가 훅하고 올라갈 것 같은 그런 날씨구만…….

여름의 따가운 햇볕 아래 서 있으면서, '봄 햇살' 같았다며 행복해했다. 내가 처음 외출했던 그 때가 생각나 한참 고개를 끄덕였다.

'맞아 맞아. 그땐 겨울도 여름도 봄이야.'

엄마가 되고 나니 별일 아닌 것에 감격하게 된다. 바깥에 나간 게 뭐 그리 대수라고 세상의 햇살이 나에게만 비춘 듯 감동하는 것인지. 신발 사진도 찍고, 하늘 사진도 찍고, 혼자 마신 커피 잔 조차 사진에 담아 둘 만큼 혼자만의 외출은 행복 그 자체가 된다. '웃프다(웃기는데 슬프다)'는 말은 이럴 때 쓰는 말이지 싶다.

엄마가 되면 참 많은 것을 포기해야만 한다. 자유로운 외출, 예쁜 액세서리, 소싯적 몸매, 느긋한 식사, 휴식……. 때로는 직장까지. 아이 하나 얻었을 뿐인데, 포기해야 할 건 너무 많다는 생각에 가끔 우울해진다.

하지만 한 가지 다행스러운 사실이 있다면 시간이 흐르고 아이가 자라면서 하나, 둘 되찾아 올 수 있는 것이 있다는 것. 아이를 낳기 전 상황으로 모든 걸 완벽하게 되돌려 놓을 순 없지만, 잃었던 것 중 되찾을 수 있는 것이 분명히 있다. 게다가 아이를 낳았기 때문에 생기는 소중한 일도 있다. 예를 들자면 나에겐 독서 모임 같은 것. 아이 때문에 포기하게 된 것, 못하게 된 일만 생각하면 아이를 키우는 내내 마음 한구석이 불행해진다. 마음 한구석에 싹튼 불행의 씨앗은 나의 부정적인 감정을 먹고 자라 어느새 마음 전체를 뒤덮어버릴 확률이 높다. 떨쳐낼 수 없는 우울과 무기력은 그렇게 나를 집어삼킨다. 그때부터 내 삶의 소중한 것이 하나, 둘 빛을 잃는다. 한 방울, 두 방울 고인 슬픔에 나의 삶이 잠겨버린다.

일찌감치 포기할 건 에라! 하고 과감하게 포기해 버리는 건 어떨까. 그중에서 되찾아 올 수 있는 것들은 고이 간직하고 있다가 꼭 되찾아오는 거다. 그리고 내 삶에 행복이 될 만한 새로운 일은 무엇이 있을까 곰곰이 고민해 보면 좋겠다. 우연히 혹은 필사적으로 찾은 '소소한 즐거움'이 내 삶에 엄청난 활력이 되어줄지도 모른다.

오늘 저녁 독서 모임을 했다. 9시가 훌쩍 넘어 모임을 끝내고 집으로 돌아가는 길에 만난 하늘에 뜬 달이 유난히 크고, 밝다. 미소를 가득 머금은 꽉 찬 달을 보고 있자니 이제 막 아이를 낳은 친구의 얼굴이 떠올랐다. 아마 수유를 하거나, 아이를 재우거나, 우는 아이를 달래거나, 아이와 함께 잠이 들었거나 했을 테지.

바깥바람 한번 쐬고 그렇게나 좋아했던 그 친구를 떠올리니 나 혼자 맛있는 차를 마시고, 좋은 사람들과 즐거운 시간을 보낸 것 같아 어쩐지 미안해 졌지만, 이내 고개를 흔들었다. 아마 내 친구도 곧 새로운 활력을 찾아낼 게 분명하니깐. 내가 그랬던 것처럼.

내일 친구에게 전화를 걸어 이야기해 주어야겠다. 아이를 키우는 일도 좋지만, 네가 좋아할 만한 일 한 가지를 찾아보라고. 지금 당장은 하지 못할 테지만 곧, 정말 곧 그것 정도는 할 수 있는 시간이 생길 거라고.

그렇게 긴 시간이 걸리지 않을지도 모르니 최대한 빨리 생각해 두라고 말이다. 아주 사소해 보이는 일이 네 삶에 기쁨과 즐거움을 가져다줄 수도 있다는 말 역시 잊지 말아야겠다. 물론 엄마를 보며 방긋 웃는 아이의 얼굴을 보는 것 역시 가슴 벅찬 일이겠지만!

## 나의 꿈은 우아한 엄마

우아한 엄마가 되는 게 꿈이었다. 아들 둘을 키우게 될 거라는 상상은 한 번도 해 본 적이 없지만, 설령 아들만 키우게 된다고 하더라도 고상하고 우아한 엄마가 되어야겠다고 다짐했다. 아이들의 요구 사항을 온화하게 들어주고 엄마로서 해야 할 수많은 일과 문제 상황을 이성적으로 척척 처리하며 그 와중에도 외적 수려함까지 놓치지 않는 그런 엄마가 되는 게 나의 소망이었다.

유치원 교사 출신이라는 이유 하나만으로 아이를 낳기 전부터 '아이 하나는 잘 키울 것 같다' 는 소리를 수도 없이 들었다. 그들이 상상하는 유치원 교사 출신 엄마의 이미지 역시 나의 소망과 비슷한 것 같다.

쌍둥이를 낳고 밤마다 육아서를 읽는다는 소문이 주변에 알음알음 퍼지기 시작하였다. 책을 읽는다는 이유 하나만으로 친한 친구조차 나를 보는 시선이 조금씩 변하기 시작했다. 게다가 독서 모임까지 운영한다. 의도한 것은 아니었지만 어쩌다 보니 '대단한' 엄마가 되어있었다.

아이 하나 키우기도 벅찬데 어떻게 둘을 동시에 키우면서 책을 읽고 독서 모임에 나가냐며 지인들로부터 숱한 문의를 받았다. 유치원 교사였기 때문에 애 하나는 잘 키울 것 같은 여자가 독서 모임까지 시작하였다고 하니 엄마로서의 나를 상상하는 그들의 기대는 점점 높아지고 있는 것 같았다.

화 한번 안 내고 아이를 키울 것 같다는 이야기를 종종 들었다. 아이들의 발달에 맞춰 대단한 홈스쿨링이라도 할 것 같다는 소리도 들었다. 게다가 책도 많이 (본인들보다) 읽었으니 뭔가 다를 것 같다고 했다. 대단한 오해다.

오늘도 아이에게 춤을 시켰다. 아이스커피를 마시고 있는 나를 보더니 얼음을 먹고 싶다며 '미요미요(나도 나도)' 말한다.

"음, 먹고 싶어?"

"네!"

"그럼 엄마를 위해 이렇게 춤 한번 춰봐."

심심했는데 요것들 재롱 좀 한번 봐야겠다 싶은 마음으로 춤을 시켰다. 얼음이 먹고 싶은 아이들은 내가 춘 춤을 흉내 내느라 바쁘다.

"엄마 그렇게 안 했는데? 이렇게 다시 해봐."

아이들은 손가락만 한 작은 얼음을 하나 얻어먹으려고 앙증맞게 나를 따라한다.

"아~ 똑같지 않아서 못 주겠네."

괜히 트집을 부렸다. 그렇게 몇 번 더 춤을 춘 아이들은 더 이상 못 참겠는 듯 짜증을 부리며 달려들기 시작했다.

나만 보면 밖으로 나가자고 아우성이다. 하긴 눈앞에 마당이 펼쳐져 있는데 집 안에서 놀라고 하는 것도 아이들에겐 고문이겠다 싶었다. 마침 나가서 놀자고 하려던 찰나에 아이들이 나가고 싶다고 징징거린다.

"나가고 싶어요? 그럼 엄마한테 뽀뽀해 줘요."

아이들은 입술을 어디까지 내밀고 나의 얼굴에 뽀뽀하기 시작한다. 반짝이는 눈으로 나를 쳐다보면 "또."라고 외친다. 그렇게 아이들이 소리를 지를 때까지 뽀뽀를 받는다. 옆에서 그 모습을 지켜보던 남편은 "애들 성격 나빠지겠다! 그만 좀 해라!" 소리친다.

"나도 애들 때문에 성격이 많이 나빠져서 그런데 왜?!"

언제까지 엄마의 장난질이 통할진 모르겠다. 몇 년 안 남았을지도 모르니 통할 때 더 많이 놀려먹어야지! 쓸데없는 각오를 다진다. 악의는 없다. 내 눈에 너무 귀여운 게 죄라면 죄. 아이들이 나를 화나게 할 때마다 '도깨비 같은 것들'이라고 했는데 애들 눈엔 어쩌면 내가 '도깨비 같은 엄마'일지도 모르겠다.

협박은 나의 고된 육아에 없어선 안 될 무기다. 본인이 원하는 것을 취하기 위해 상대방의 약점을 들먹이는 아주 치졸하고 치사한 방법. 내 전문이다. 우리 아이들을 꼼짝 못 하게 만드는 말이 하나 있다. 엄마가 화났다는 말도, 그렇게 하면 엄마가 너무 속상하다는 말도, 야! 라는 우렁찬 고함도 통하지 않는 아이들에게 "그렇게 하면 엄마 집에 갈 거야." "집에 가자. 집에 가!" 한마디면 마이 웨이하던 아이들이 급 유턴하여 나에게 온다. 밖에서 주로 쓰는 방법이다. 바깥 세상을 너무나 사랑하는 이 두 아이에게 '집'은 도대체 어떤 곳인지. 집에 가자고만 하면 정신을 못 차리던 두 아들이 멀쩡해진다. 말이 통하고 나서부터 아이를 한방에 사로잡을만한 협박을 찾아내느라 나 역시 바쁘다. 집에 가자는 말이 통하지 않는 날이 오면 또 어떤 협박으로 요 녀석들을 꼼짝 못 하게 만들 수 있을까.

게다가 조건도 잘 내건다.

"어? 밥 안 먹어? 그럼 할아버지 집 가지 말자."

"삐뽀 삐뽀(경찰차) 보고 싶어요? 그럼 지금 당장 장난감 정리해."

아이들이 좋아하는 걸 쿨 하게 쏘는 법이 없다고 남편은 내게 치사하다고 한다.

"치사한 거로 따지면 쟤들이 더 하지. 필요할 때만 나 찾는데?"

우아하고 고상한 엄마는 없다. 3살 아기들을 어떻게든 이겨보겠다고 발악하는 엄마만 있을 뿐. 현실 육아 앞에선 선인들의 지혜가 가득 담긴 책도 소용없다. 그들의 지혜를 알긴 알겠는데 일단 지금은 나부터 살아야겠다고 우긴다. 우아한 엄마는 태생부터 '우아함'을 갖고 태어난 사람만이 이룰 수 있는 것은 아닐까 가끔 자괴감에 빠지기도 한다. 그렇다고 우아한 엄마 되기를 포기한 건 아니다.

여전히 우아한 엄마를 꿈꾸고 있다. 친절하고 차분한 목소리로 아이들에게 이야기하기. 언제나 책을 끼고 살기. 예쁜 그릇에 음식을 담아 밥상 내 주기. 아이와 남편에게 너그럽기 등등. '우아한 엄마'에 대한 이미지를 내 안에 고이 간직하고 살고 있다. 정말 이루고 싶은 꿈처럼 말이다.

꿈을 이루려면 노력을 해야 하는데 현실에선 그게 그렇게나 어렵다. 자꾸만 고약한 도깨비 같은 행동이 불쑥불쑥 튀어나온다.

내가 우아한 엄마가 되겠다는 건 망상에 불과한 것인가. 차라리 착한 도깨비가 되겠다는 게 현실 가능성이 있는 건 아닐까 고민하게 된다. 우아한 엄마가 되기 위해서 더 많은 책을 읽고 수양을 해야 하는 건지, 다음 생을 기약해야 하는 건지 아직은 모르지만 어쨌든 오늘도 나는 우아하고 고상한 엄마를 꿈꾼다.

## 엄마로 사는 삶과 나로 사는 삶

길었다. 도무지 끝날 기미가 보이지 않았다. 고작 9일 남짓 되는 그 시간이 나에게는 한 달은 족히 되는 것 같이 느껴졌다. 그동안 내가 구축해 놓은 라이프스타일은 상당 부분 무너져 버렸다. 하나 둘 힘겹게 쌓아 올려 만들어 놓은 나의 생활방식이 이렇게도 쉽게 무너져 버릴 수 있구나. 삶의 이모저모를 내가 원하는 방향으로 바꿀 땐 그토록 어렵더니. 엄마의 삶에 아이는 엄청난 존재감을 내뿜는다.

아이의 여름 방학이 시작되었다. 공식 방학은 일주일. 주말까지 치면 9일. 6개월 전까지만 해도 24시간 붙어 있었던 것에 비하면 어린이집의 방학은 긴 것도 아니다. 아침부터 저녁까지 아이와 나는 한 몸처럼 지냈다. 아이가 깨면 나도 깨야 했고 아이가 잠이 들고서야 비로소 잠을 잘 수 있었다.

아이의 기본적인 욕구를 충족시켜 주기 위해서 참 부지런히도 움직였다. 세 끼를 지어 먹이고, 간식을 챙겨주고, 중간중간 설거지를 한다. 먹이는 시간보다 치우는 시간이 오래 걸리는 식사시간이 끝나면 진이 쭉 빠지지만 넋 놓고 있을 수 없다. 그런 여유는 엄마에겐 사치다.

두 명이 번갈아 가며 온종일 싸는 똥, 오줌 기저귀를 갈아 주고 시간 맞춰 낮잠까지 재워야 한다. 하나가 자려고 눈이 가물가물 감기면 하나는 울거나 웃거나. 마치 두더지 게임처럼 하나를 망치로 눌러놨더니 또 다른 하나가 쏙 하고 올라오는, 아무리 열심히 망치질해도 하나뿐인 망치로 둘을 동시에 잡을 수 없는 그따위 상황 속에서 참을 인을 수십 번 그리며 성공한 낮잠 시간. 엄마에게 가뭄 속 단비 같은 시간이다. 그다음 전투를 위해 커피로 당을 충전하고, 잠깐의 여유를 즐긴다. 아이와 함께했던 2시간은 그렇게도 길더니, 혼자 보내는 2시간은 마치 2분 같다. 시간은 참으로 상대적이라는 걸 뼈에 사무치게 느끼며 아이들이 깨서 울고 있는 안방으로 간다.

"잘 잤어?? 방긋 웃으면서 일어나지~ 왜 울고 있어. 엄마랑 놀자."

그렇게 휴식 시간이 끝나고 후반전이 시작된다.

'지금부터 놀아!' 하면 둘이 알아서 척척 놀기라도 하면 좋으련만 어린 이 녀석들에겐 그러한 바람은 아직 무리다. 게다가 뒹굴뒹굴 장난감만 갖고 놀게 하는 건 엄마로서 마음 한구석이 찝찝하다. 인스타나 블로그에 번뜩이는 아이디어와 기가 막힌 솜씨로 놀아 주는 엄마들을 보면서 나 역시 '엄마표 놀이'라는 걸 해야 할 것 같은 압박에 주섬주섬 뭐라도 챙겨 아이 앞에 앉는다. 아이의 눈을 반짝이게 만들기엔 충분하지만 문제는 아주 잠깐 반짝이고 만다는 것.

치우는 시간이 더 오래 걸리는 놀이를 하다 보면 끝나지 않는 하루가 야속하기만 하다. 그렇게 48시간 같은 하루를 보냈다.

쌍둥이가 어린이집에 다니기 시작하면서부터 이전과는 질적으로 다른 나만의 시간이 생기기 시작하였다. 얼마나 감사한지. 어린이집에 잘 적응해 준 아이에게 진심으로 고마웠다. 아이가 어린이집에 간 시간을 절대 허투루 쓰지 말자고 다짐했던 이유도 그 때문이었다.

'내가 좋아하는 일로 이 시간을 가득 채워야지.'

혼자 정한 규칙은 이러했다. 청소는 딱 한 시간만 한다. 집 전체를 쓸고 닦은 뒤 월요일부터 금요일까지 정해져 있는 청소구역 중 한 군데를 청소하는 것으로 청소시간은 마친다. 예를 들자면 금요일엔 화장실 청소 및 화분에 물 주기. 목요일엔 아이들 놀이방 정리. 수요일엔 안방 청소 및 이불 털기 같은 식으로. 토요일과 일요일엔 평일에 지키지 못한 청소구역이나 청소가 더 필요해 보이는 곳을 보충했다.

정해두지 않으면 아이들이 올 때까지 청소만 하고 있을 수도 있다. 집안일이라는 게 퍼도 퍼도 마르지 않는 샘물처럼 해도 해도 할 곳이 생긴다는 걸 깨닫고 난 후 내린 결정이다. 그러고 나서 나머지 시간은 내가 좋아하는 일로 가득 채웠다. 예를 들자면 독서나 글쓰기, 혹은 가끔 열리는 북 미팅에 참여하거나, 강연을 들으러 갔다. 휴식이 필요한 날이면 목욕탕을 가서 두 시간 정도 푹 쉬고 오기도 한다. 가끔 지인과의 약속이 있는 날도 있었지만 그건 말 그대로 가끔. 그렇게 나의 시간으로 가득 채우고 난 후 아이들을 맞이하러 간다.

완벽하게 보충한 에너지로 하원 한 아이들과 함께 오후의 시간을 보냈다. 그렇게 정해져 있었다. 대부분의 날을 그런 식으로 살아왔다. 하지만 방학이 시작된 후론 그동안 정해놓은 생활 규칙이 와르르 무너져 버렸다. 어린이집을 다니기 전의 상황으로 되돌아갈 수밖에 없었다. 달라진 점이 있다면 그사이 많이 큰 아이들은 아침부터 저녁까지 집 밖에서 놀고 싶어 한다는 것. 그렇게 원치도 않는 비타민D 섭취를 강요받으며 방학을 보냈다. 처음에는 내 시간을 빼앗겼다는 생각이 들었다.

'얘들이 빨리 어린이집을 가야 내 할 일을 할 수 있을 텐데……'

그런 마음으로 9일을 보냈다. 매일 같이 홈터 파크를 개장하여 물놀이를 하고, 평소에 잘 틀어주지 않는 TV도 보여주고, 가까운 바다도 놀러 가고, 키즈카페며 박물관이며 장난감 도서관 같은 곳을 다니면서 바쁜 하루를 보내는 와중에도 생각했다.

'시간아 어서 가라. 훠이훠이~'

내가 뒤에서 재촉하지 않아도 째깍째깍 잘만 흐르는 시간을 보채면서 9일을 보냈다. 그리고 내일 아이들이 어린이집을 간다. 아이들을 재우기 위해 침대에 나란히 누웠다.

"내일은 어린이집에 가는 날이야. 선생님이 찬이랑 옹이 보고 싶대."

"친구들이랑 미끄럼틀도 타고 미술놀이 체육놀이도 할 수 있겠네." 이야기하는데 둘 다 동시에 "으응." 하며 고개를 절레절레 내젓는다. 그러면서 "엄마, 아빠" 그런다. 몇 번이나 반복해서 "엄마, 아빠"를 외친다. 캄캄한 방 안에서 울리는 '엄마, 아빠'라는 소리가 내 가슴에 푹 하고 박혔다. '내일도 엄마, 아빠랑 함께 놀고 싶어요.'라는 소리로 들렸다. 아마 말을 잘할 수 있었다면 그렇게 이야기했을 것만 같다.

아이들을 어린이집에 보낼 때 고민을 정말 많이 했다. 이제 막 20개월이 된 아이를 어린이집에 보내는 것이 과연 옳은 선택인가를 두고 몇 날 며칠을 고민했다. 처음 어린이집에 갈 때 엉엉 울면서 떨어지지 않으려고 버티는 아이를 보면서 이게 무슨 짓인가 싶어 한참을 어린이집 앞에서 서성였다. 그러면서도 나도 살고 싶어서 아이를 보냈다. 아이들이 어린이집에 가 있는 동안 내가 시간을 어떻게 사용하는지 알게 된 지인이 나에게 물었다.

"갑자기 빡빡하게 사노. 그렇게 살면 안 피곤하나?"

그러한 그들의 질문엔 '무엇 때문에 그렇게 변했지?'라는 본질적인 의문이 깔려 있다. 곰곰이 생각하지 않아도 된다. 그 질문에 대한 답은 정해져 있다.

아이를 낳고 나서 변했다.

더 나은 삶을 살고 싶다는 생각이 들었다. 아이에게 부끄럽지 않은 엄마가 되고 싶었다. 새벽에 벌떡 일어나 나만의 시간을 갖는 것도, 삶을 직면하게 된 것도, 더 나은 인간으로 살아가겠다고 마음먹은 것도 아이 때문이다. 그리고 나의 시간을 가질 수 있었던 것도 아이 덕분이다. 아이가 어린이집에 간 대여섯 시간. 아이가 내게 만들어준 귀한 시간이었다. 캄캄한 어둠 속에서 '엄마, 아빠'를 외치는 아이의 목소리를 들으며 생각했다.

'맞아. 내 시간이 만들어질 수 있었던 건 순전히 너희 덕분인데 방학 내내 너희들 때문에 내 시간을 빼앗겼다고만 여겼네.'

'엄마로 사는 삶'만큼이나 '나로 사는 삶' 역시 중요하다. 일방적인 통보를 통해 아이들에게 '나만의 삶'을 인정해 달라고 했던 것 역시 그 때문이기도 했다. 하지만 잊지 말아야 할 것이 분명히 있다. 나는 '나'이기도 하지만 '엄마' 이기도 하다는 걸. '엄마'이기도 하지만 '나'이기도 한 것처럼. 더 나은 삶을 살고 싶다는 꿈을 꾸고 나서 이전보다 훨씬 바쁘지만 충만한 삶을 살 수 있었다. 그 충만함이 '엄마인 나'와 '나로서의 나'를 동시에 지탱해 주는 힘이 되기도 했다.

하지만 한가지 간과해선 안 되는 것이 있다. 충만해진 지금 내 삶이 오직 '나' 때문에 만들어진 것이 아니라는 것. 엄마를 위해 6시간 동안 어린이집에서 잘 지내주는 아이들이 있었기 때문에 '나의 삶'을 지켜나갈 수 있었다는 점이 그것이다.

방학은 그동안 잘 지내준 아이들을 위해 '나로서의 나'는 잠시 내려놓고 '엄마로서의 나'로 기특한 아이들을 온 마음을 다해 껴안아 주어야 할 시간이었던 거다.

잠시 잊고 있었다. 내가 두 발을 딛고 서 있는 이곳에서 꿈을 꾸는 방법을 터득해야 한다는 사실을. 꿈에 취해 현실을 소홀히 하고 싶진 않았다. 나의 미래만큼 지금 이 순간 또한 분명히 소중하니깐. 방학 동안 내도록 "너무 길다 너무 길어." "내 시간이 없어졌잖아." 하며 투덜거렸던 것이 마음에 턱 하고 걸렸다.

내일 아이들은 어김없이 등원을 할 것이다. 나 역시 아이들이 어린이집에 간 그 시간을 이전과 같이 사용하게 될 테다. 나로 돌아가는 짧은 시간 동안 온전히 나만의 꿈을 꾸며 나를 위해 온 마음을 다하는 것만큼 나머지 시간 동안은 현실의 자리에 서서 엄마로, 아내로 최선을 다해 살아야지.

이미 지나간 여름 방학은 어쩔 수 없다지만, 앞으로 맞게 될 연휴와 휴일, 아직은 멀었지만, 곧 찾아올 겨울방학은 기쁜 마음으로 맞이해야지.

'나로서의 나'로 살 수 있도록 본인들의 할 일을 씩씩하게 해주는 아이들에게 감사하며.

## 살아있는 도덕책

남편이 아이들을 재울 때가 있다. 내가 재울 땐 분위기를 정적으로 만들어 둔 뒤 차분히 잠을 재우지만 남편과 아이들이 침대로 들어가는 날엔 한참 소란스럽다. 무얼 하는지 우다 탕탕탕. 아이들이 깔깔대며 뛰어다니는 소리를 거실에서 한참이나 들어야 비로소 조용해진다.

'이제 자려나 보네.'

아빠를 무척 좋아하는 첫째는 나와 잠을 잘 때도 아빠를 찾는다.

"얘들아, 자자~"

"아빠, 아빠……. 아……. 빠……."

하지만 둘째는 꼭 나를 껴안고 자려고 한다. 그래서 남편이나 나나 혼자서 아이를 재우는 날엔 '아빠' 찾는 첫째와 '엄마' 찾는 둘째를 달래야만 했다. 그날도 어김없이 둘째의 목소리가 들리기 시작했다.

"엄마……. 엄마."

그러고 말겠지 싶었는데 목소리가 점점 커지더니 이내 엉엉 운다. 누가 보면 엄마에게서 아이를 억지로 떼어내 데리고 가는 것 마냥. 하는 수 없이 아이에게 달려갔다. 더 이상 그 애절한 통곡을 무시할 수 없었다. 안방으로 들어가 냉큼 아이를 안아주었다. 아이는 내 목을 힘껏 끌어안았다. 아이의 이마가 내 입 쪽에 닿았다.

"엄마가 없어서 슬펐구나. 이제 자자. 엄마 왔네."

조용히 속삭였다. 거짓말처럼 아이는 울음을 그쳤다. 그 상태 그대로 나에게 폭 안겨 잠이 든다.

'하……. 엄마 없이 잠을 자면 밤이 좀 무섭겠지?'

나의 품에서 곤히 잠든 아이를 보고 있자니 괜한 생각이 든다. 마음이 이상하게 괴롭다.

얼마 전 지역 내 장난감 도서관에 놀러 갔다. 이젠 집만큼이나 편안해진 곳이다. 나와 남편이 아이들을 쫓아다니며 돌봐 주지 않아도 둘이 잘 놀 수 있을 만큼 익숙한 곳이다. 그날도 아이들끼리 놀고 나와 남편은 소파에 앉아 쉬고 있었다. 가끔 목을 쭉 빼고 아이들이 잘 놀고 있나 확인만 하면 된다. 평화로운 상태로 한참 있었는데 갑자기 다급히 뛰어오는 발걸음 소리가 들린다. 속상한 듯 울음이 가득 찬 목소리를 내며. 남편과 나는 발소리만 듣고도 알았다.

"어! 저거 슬찬이 발소린데."

"뭐가 슬퍼서 저렇게 뛰어오지?"

아니나 다를까 툭 하고 건드리면 울 것 같은 표정으로 달려와 아빠에게 안긴다. 친구와 같이 놀다 무언가를 빼앗겼는지, 아니면 제멋대로 되지 않아 속상했는지 어쨌든 한껏 울음이 찬 표정이다.

"누가 그랬어, 우리 아들! 왜 슬퍼졌어요?"

아빠가 격앙된 척 아이의 기분을 맞춰 준다. 엉덩이도 토닥여 주고, 아빠가 '이 놈!' 해줄게 하며 비위도 맞춰 주었다. 아이는 아빠 품에 안겨 마음을 진정시킨 뒤 '안농!' 손을 흔들곤 웃으며 간다.

'맞아. 이유 모를 든든함이 아빠의 품에서 솟아났던 것 같아.'

어려운 형편에 처한 아이 또는 아픈 아이를 후원하는 TV 프로그램을 보면 채널을 돌려버렸다. 안되었다는 생각이 들어 후원금 이천 원 정도를 낸 적도 있지만 계속 그 채널을 보고 있으면 나까지 우울해지는 것 같아 채널을 얼른 돌려버리기 일쑤였다.

'어쩜 저 아이는 저리도 복이 없는지…….'

불쌍하다고 생각하고 말았다. 금세 잊었다. 내 아이를 키워보고 나서야 남의 집 아이의 귀함을 비로소 알게 되었다. 세상 모든 아이가 왜 사랑받으며 커야 하는지 깨달았다. 존재만으로도 누군가의 사랑이 되어야 한다.

부모 없이 자라는 아이를 보며 가슴이 미어지듯 아팠다. 몸 아픈 아이의 고통을 부모 된 입장에서 바라볼 수 있게 되었다. 그저 '불쌍하네.'가 아니라 진심으로 가슴 절절히 마음이 아파졌다. 그러한 아이들을 볼 때마다 내 아이가 떠올랐다. 아이를 향한 내 마음이 떠올랐고, 다른 아이의 부모 마음 역시 가늠할 수 있게 되었다. 가끔 내는 후원금 이천 원이 아닌 적은 돈이지만 정기적인 후원을 신청하게 된 이유기도 했다.

살면서 죽음을 떠올려 본 적이 없다. 아직 죽음을 이야기하기엔 이르다는 생각이 들기도 했고 죽음에 대해 곰곰이 생각할 만큼 나 스스로가 철학적이지도 않았다.

'만약에 죽는다면……. 남아 있는 가족들이 슬프겠지만 어쩔 수 없겠지.' 생각하고 말았다.

하지만 이젠 죽음을 떠올릴 때마다 아이들이 생각난다. 내가 죽어버리게 되면 아이들은 한쪽 날개가 꺾인 채 덩그러니 남겨진다. 그 상상은 때때로 나를 몸서리치게 슬프게 만든다.

남편에게 '운전 꼭 조심해.' '몸 다치지 마.'라고 신신당부하게 된 것도 그 때문이다. 나와 남편이 살아있다는 사실 하나만으로 이렇게나 감사한 적은 없었다. 아침에 눈을 뜨는 것은 당연한 것이라고만 여겼는데 이젠 더할 나위 없는 축복이라고 생각한다.

얼마 전 아이를 낳은 친구가 "엄마는 마음대로 아플 자격도 없어요!" 하며 웃음 섞인 한탄을 했다. 몸이 아파 드러눕게 되면 아픈 나는 둘째 치고 나만 바라보고 있는 아이를 제대로 품어주지 못하게 된다. 그건 내 몸이 아픈 것보다 몇 곱절이나 나를 아프게 만든다. 평소에 먹지 않던 한약을 지어 먹고, 하지 않던 스트레칭을 하며 몸을 푸는 것도 그 때문이다. 나 없으면 안 되는 아이를 위한 일종의 전투준비.

엄마에게 아이는 그런 존재다. 나보다 더 소중한 존재. 잘 살아야겠다는 생각을 매일 한다. 건강하게 살아야겠다는 생각. 나쁜 마음먹지 않고 살아가야겠다는 생각. 타인을 더 너그럽게 바라봐야겠다는 생각. 내 인생을 그 어느 때보다 잘 살아내야겠다는 생각을 한다.

'아이는 부모의 뒷모습을 보며 자란다.'라는 말이 가슴에 콕 하고 박혀있다. '내가 덕을 쌓으면 자식에게 그 덕이 전해진다.'라는 말을 잊지 않으려고 노력한다.

'내가 저지른 잘못과 타인에게 내뱉는 나쁜 말은 돌고 돌아 제일 마지막엔 자식에게 돌아간다.'는 저주를 믿게 되었다.

자식을 낳고 나서 인생이 달라졌다. 한 사람으로서 삶에 대한 철학을 가지게 되었다. 아이를 낳고 나면 제2의 인생이 시작될 거라는 주변의 말이 이런 뜻이었나 보다.

나는 그 어느 때보다 내 삶을, 내 인생을 사랑하게 되었다. 아이들과 함께 지내며 시간의 소중함을 깨달을 수 있었다. 나부터 멋진 사람이 되어야 아이들 역시 이 사회에서 자신의 역할을 해내며 자신과 타인을 사랑할 수 있는 멋진 인간이 될 거란 생각을 하게 되었다.

삶을 바라보는 나의 관점이 달라졌다. 그저 그랬던 삶이 '살 맛 나는 인생'으로 바뀌었다. 아이를 키우는 일은 여전히 무척 힘들지만 분명히 달라진 나 자신을 발견할 때면 내 인생에 아이가 찾아온 것만큼 큰 축복은 없다는 생각이 든다. 나는 오늘도 아이의 해맑은 웃음을 보며 생각한다.

'내 삶을 어떻게 하면 성장시킬 수 있는지.'

'타인에게 내가 나누어 줄 수 있는 것은 무엇이 있는지.'

'어떻게 사는 것이 과연 잘 사는 것인지.'

아이는 내 삶의 살아있는 도덕책이다.

# 아이는 부모의 거울

오랜만에 남편과 야식을 먹기로 했다. 메뉴는 떡볶이. 오늘의 요리사는 남편. 소파에 누운 채 TV를 보며 야식을 기다리고 있다. 흡사 아주 멋진 휴양지 썬 베드에 누워 시켜놓은 음식을 기다리는 것처럼 마음만은 여유와 평화로 가득 찼다.

'정말 아름다운 밤이구먼!'

시간이 멈춰버렸으면 좋겠다고 생각하는 찰나 안방에서 부스럭거리는 소리가 들린다. 남편은 떡볶이를 휘젓던 팬을 멈췄고, 나는 서둘러 TV 볼륨 소리를 줄였다. 서로를 바라보며 일시 정지. '다시 잠들란 말이야!' 속으로 외쳤지만, 우리의 평화는 딱 거기까지. 아이가 깼다. 방문을 열고 거실로 나온다. 엄마와 아빠를 번갈아 보더니 씩 웃는다. 말똥말똥해진 두 눈을 보니 쉽게 잠들 것 같지 않다.

'아……. 끝났네.'

영원할 것 같았던 오늘 밤의 평화와 여유는 연기처럼 사라져 버렸다. 우리 부부는 아이와 함께 현실로 강제 연행되었다. 아이를 다시 재우다간 떡볶이 속 당면이 다 불어버릴 것만 같다. 하는 수없이 아이와 함께 야식을 먹기로 했다. 초대를 받지 않은 채 멋대로 합류한 귀여운 불청객은 그저 싱글벙글 신나 보인다. 엄마, 아빠의 속도 모르고! 아이가 먹지 못하는 메뉴라 달라고 하면 어쩌지 걱정하며 머릿속으로 대신 내어줄 간식을 떠올렸다.

다행히 본인의 눈에도 매워 보였는지 굳이 먹으려 들지 않았다. 대신 나의 맞은편에 서서 숟가락 하나를 들더니 프라이팬 속 떡볶이를 신나게 휘젓는다. 마치 본인이 요리하는 것 마냥.

'흘러넘칠 것 같아! 그만!'

편하게 야식을 즐기고 싶었건만. 아이의 거센 숟가락질을 신경 쓰며 먹느라 입만큼 눈도 바쁘다. 먹기만 하는 건데도 어쩐지 힘이 든다. '빨리 먹고 치워야지.' 생각하고 있었는데 아이가 숟가락으로 떡볶이며 어묵이며 떠서 내 입으로 넣어주었다.

처음엔 엄마의 입에 음식을 넣어주는 저 조그마한 손이 귀여웠다. 잘 떠지지 않는 떡볶이를 숟가락에 올리려고 집중하는 바람에 앙다물어진 입도 사랑스러워 보였다. 그런데 씹고 삼키기도 전에 자꾸만 숟가락을 들이민다. 지금 먹고 있으니 조금 있다 먹겠다고 고개를 내 저어도 막무가내다.

'됐고! 입이나 벌리세요.'

그러는 것 같은 눈빛으로 나를 쳐다보더니 숟가락을 입안으로 쑤셔 넣는다. 하는 수 없이 빨리 씹으며 아이가 주는 걸 받아먹고 있었다. 그러다 번뜩 어느 한 장면이 나의 뇌리를 스쳐 지나갔다.

숟가락을 들이미는 아이의 저 모습이 낯설지가 않다. 음식을 다 씹기도 전에 입 앞에 숟가락을 대기시키고 있는 저 모습이 꼭 나 같았다. 아이들이 밥을 먹을 때면 느릿하고 서툰 숟가락질이 답답해 내가 대신 밥을 떠서 입 앞에 대령하곤 했다. 엄마가 밥을 들이미는 속도에 맞춰 밥을 받아먹으려면 쉴 틈이 없다. 빨리 씹고 어서 삼켜야 한다. 씹고 삼키기 전에 이미 입 앞에 숟가락이 와 있다.

일부러 그런 건 아니다. 변명하자면 먹을 때 몰아치듯 먹여야 밥 한 그릇을 뚝딱한다는 생각이었다. 아이들의 서툰 숟가락질을 그냥 두면 한참을 먹어도 반도 채 먹지 못한다. 오래 앉아 있을 만큼 엉덩이가 무겁지 않아 어느 정도 앉아 있었다 싶으면 배가 부르던, 그렇지 않던 의자에서 빼 달라고 아우성치는 두 아이다. 그래서 받아먹을 때 부지런히 아이의 입으로 밥을 밀어 넣었다. 아이가 떡볶이를 퍼다 나르는 모습을 보며 흡사 나를 보는 것 같은 기분이 들었다.

'내가 아이들에게 저랬구나.'

엄마에게 복수한다는 마음으로 그렇게 한 건 아니겠지만 '엄마도 이렇게 나한테 먹였지? 나도 할 거야' 내 눈엔 그렇게 보였다. 도둑이 제 발 저린 딱 그 상황. 부지런히 떡볶이를 씹어 삼키며 아이의 모습을 바라보는데 마음 한구석이 찜찜하다.

아이가 들이미는 숟가락질을 직접 당해보니 기분이 그다지 좋지가 않다. 꿀떡 삼키기도 전에 입 앞 대기하고 있는 음식 가득 담긴 숟가락을 보는데 갑자기 식욕이 뚝뚝 떨어진다. 아이 역시 나의 거침없는 숟가락질에 같은 기분을 느꼈을 것 같다.

"여보, 애 지금 나 따라 하는 것 같아. 나한테 복수하는 것 같지 않아?"

"그러니깐. 적당히 해."

남편이 피식 웃으며 이야기한다. 뒤통수를 제대로 한방 얻어맞은 것 같은 여운을 남긴 채 야식 시간이 끝났다.

여간해선 고집을 꺾을 수 없다. 3살의 고집은 그야말로 쇠심줄이다. 질기고 질기다. 요즘 그 고집 때문에 애를 어지간히 먹고 있다.

'신발 신고 밖에 나가야지.'

'엄마 손 잡고 다녀야 해.'

'여기선 뛰면 안 돼.'

'밥 먹을 땐 앉아서 먹는 거야.'

그야말로 '안 돼, 안 돼, 그만'의 향연이다. 지금도 아기지만 더 아기였던 시절이 그리워질 때가 한두 번이 아니다. 그날도 아이에게 '안 돼'라고 말하며 아이의 행동을 제지하고 있었다. 집 안에서 타고 노는 붕붕카를 굳이 마당에 가지고 나간다고 아우성이다. 밖에서 타고 놀라고 똑같은 붕붕카를 구해 마당에 내놓은 상태다.

"저거 타면 되잖아. 이건 집 안에서만 타는 거야. 안 돼."

엄마의 단호한 말소리에 아이가 붕붕카를 내려놓고 나가는 듯싶었다. '말이 통할 때도 있네…….'

그렇게 돌아서려는 데 아이가 갑자기 집 안으로 뛰어 들어온다. 붕붕카를 향해 돌진한다.

'어쭈. 저 녀석 봐라.'

몇 번이나 이야기했건만 또다시 붕붕카를 향해 오고 있는 아이를 보니 화가 난다. '너! 엄마가 그건 안 된다고 했지?!'를 외치려고 배에 힘을 주고 소리를 지르려던 찰나, 아이는 붕붕카 서랍을 열더니 그 안에 있던 소꿉놀이 숟가락을 쏙 빼선 뒤도 돌아보지 않고 나갔다.

'억!'

아이의 행동을 야단치려고 단전까지 힘을 모으고 있었는데, 머쓱해져 버렸다. 괜히 섣부르게 화부터 낼 생각을 했던 내가 부끄러워서.

때때로 그러한 경험을 할 때가 있다. 아이를 통해 나의 행동을 반성하게 되는 경험. 아이들이 잘 못 할 때마다 '이놈!' 하고 소리를 쳤다. 그런 나의 이놈 소리를 듣고 자란 아이들은 이제 서로에게 '이놈!'을 외쳐댄다.

화가 머리끝까지 날 때면 아이의 울음소리를 못 들은 척할 때가 있다. 아이가 울든지 말든지 내 할 일을 하곤 한다. 그런 나의 의식적인 무관심을 아이들이 배운 것일까. 속상하다고 엄마가 불러도 들은 척도 하지 않고 방으로 들어가 버린다. 3살 아기가 삐져서 방으로 들어가는 모습을 처음 봤을 때, 그 충격이란. 엄마가 아무리 불러도 소용없었다.

'저것도 내가 하는 행동을 따라 하는 걸까?'

'아이는 부모의 거울'이라는 말이 있다.

부모의 행동 일체는 아이에게 그대로 전해지며 심지어 스며들기까지 한다. 그것이 옳으면 옳은 대로 그르면 그른 데로 걸러지지 않고 그대로 아이를 향해 흘러 들어간다. 그러고는 어느 날 갑자기 내가 했던 행동을 그대로 따라 하기 시작한다. 괜히 오싹해진다. 소중한 내 아이가 나의 나쁜 모습까지 그대로 새긴 채 살아간다니. 주고 싶지 않은 것이 있다. 나의 못난 행동, 모난 성격 한 구석은 아이에게 절대 주고 싶지 않다. 세상 어느 부모가 아이에게 본인의 단점들을 물려주고 싶을까.

내가 옳은 인간이 되어야 아이 역시 옳은 인간으로 자랄 수 있는 가능성이 커진다. 그것이 명백한 사실이라는 전제하에 '더 나은 인간' 되기 위해 노력한다. 부모 노릇은 참으로 어렵지만 한 인간으로서 이보다 더 확실한 성장 방법은 없지 않을까.

# 나쁜 엄마는 없습니다

블로그 부모 i 코너에 나의 글이 소개된 적이 있다. 아이의 미디어 시청에 대한 주관적인 생각을 적은 글이었다. 부모라면 한 번쯤은 'TV 시청' 에 대한 고민을 하기 마련이다. 미디어에 대한 막연한 불안에 지인에게 묻기도 하고,책과 인터넷까지 뒤져본다. 그리곤 한 번쯤 결심한다. '아! 좋지 않다고 하니깐 보여주지 말아야지.' 하지만 그 결심을 지켜나가는 것이 생각처럼 쉽지가 않다.

아이가 나의 다리를 붙들고 늘어지고, 온종일 쫓아다니며 징징 울어댄다. 불현듯 종일 밥 한 끼 못 먹었다는 사실이 떠오른다. 손은 자연스럽게 리모컨을 향한다. '만화 한 편 정도는 괜찮잖아?'

그렇게 매일 어린이 프로를 한 편씩 틀어주었다. 한시도 가만히 있지 않던 아이가 TV가 켜지는 알림음과 동시에 소파로 달려가는, 꼼짝없이 30분을 가만히 앉아 있는 그 기막힌 기적에 어느샌가 노예가 되어버리고 말았다. 하루에 한 편으로 정해두었던 나의 다짐은 종이 탑처럼 무너져버리게 된다.

'아, TV가 중독성이 있다는 말은 아이를 두고 하는 말이 아니었구나.'

아이들을 꼼짝 못 하게 만들어 주는 그 TV에 나는 중독되고 말았다. 자꾸만 리모컨에 손을 뻗고 있는 나를 발견하고선 'TV는 아예 틀지를 말아야겠어!' 또다시 다짐했다. 지금 생각해 보면 포부 하나만은 칭찬해 주고 싶을 만큼 당찼던 그 다짐.

혼자만 생각하면 쉽게 무너져버리고 말 것 같아서 블로그에 글을 썼다. '이제부턴 TV를 틀어주지 않겠어요!' 수개월밖에 지켜지지 못했던 다짐이었지만 그 당시엔 꽤 진지하기도 했다.

그로부터 한참 뒤 '아이의 미디어 노출'에 대한 지극히 주관적이고 개인적인 그 글이 네이버 메인에 노출되었다. 부모 i 코너에 글이 올라갔다. 블로그를 하는 사람으로서 그건 단지 '즐거움' 이었다. '내 글이 메인 화면에 있다니!' 오랜만에 블로그가 활성화되는 모습을 지켜보며 뿌듯해했다.

글에 대한 반응도 나쁘지 않았다. 내 생각에 동조해 주는 이들이 생각보다 많았다. '대단하다.'는 칭찬도 해주었다. 그리고 '나도 당장 TV부터 꺼봐야겠다.'라는 다짐의 댓글을 읽으며 내 생각이 틀리지 않았다는 사실에 안도하기도 했다.

"다들 나랑 비슷한가 봐. 하긴 아이한테 해로운 걸주고 싶지 않은 게 엄마니깐."

그러다가 우연히 한 댓글을 보았다. '나는 나쁜 엄마인가 봐요.'라는 짧은 댓글 하나에 시선이 멈췄다. TV는 틀어주지 않으려고 노력하지만 생각처럼 되지 않아 매번 TV를 틀어주게 된다는 스스로를 비난하던 댓글. 온종일 마음이 쓰였다.

아이를 낳고 나서 숱하게 했던 생각이었다. 초보 엄마로 모든 것이 낯설고 힘들었던 시절, 아이가 울거나, 아프거나, 밥을 먹지 않거나, 다치거나……. 아이에게 일어나는 그 모든 일이 내 책임인 것만 같이 느껴질 때가 있었다.

"여보, 내가 한 밥이 맛이 없나 봐?"

"오늘 너무 춥게 입혀서 애가 열이 나나?"

"내가 그때 거기에 있었더라면 다치지 않았을 텐데."

모든 문제의 원인이 '나'인 것 같다는 생각을 할 때가 있었다. 고개를 푹 숙인 채 한없이 자책하던 시절이 나에게도 있었다.

'아, 진짜 나 별로인 엄마인가봐.'

누군가에겐 '정답'이 되는 방법이 나에겐 통하지 않을 때가 숱하게 많았다. 내가 하는 육아가 옳은 건지 그른 건지 알 수가 없어 참 답답했다. 그 답답함은 결국 자책의 화살이 되어 나에게 꽂혔다. 그 마음을 알기에 '나는 나쁜 엄마인가 봐요.'라는 댓글에서 눈을 뗄 수가 없었다. 그 마음을 외면할 수 없었다. '100명의 엄마가 있으면 100가지의 모성이 있다.'라는 말을 들은 적이 있다. 그 말은 나의 육아 방법에 의심을 많이 했던 초보 엄마 시절에 위로가 되어준 말이기도 하다.

'엄마 노릇'의 기저엔 '내 아이를 위해서'라는 마음이 깔려 있다. 남들과 모양새가 같진 않아도 마음만은 그 누구에게도 뒤처지지 않을 만큼 아이를 사랑하는 마음이 담겨 있다.

내가 편하기 위해 아이에게 TV를 틀어주었지만 이내 '이건 아닌 것 같아'하고 나의 행동을 돌아보는 그 마음조차 '엄마'이기 때문에 할 수 있는 모성이라는 것이다.

인간은 모두 불완전한 존재다. '엄마'가 되었다고 해서 달라지는 건 아무것도 없다. 모든 것이 처음인 엄마 노릇은 그야말로 서투름과 좌절의 연속이다.

하지만 그럼에도 불구하고 '조금 더' 나은 엄마가 되기 위해 노력한다. 아이에게 조금 더 나은 먹거리를 제공하기 위해 피곤한 몸을 이끌고 주방 앞에서 밤을 지새우기도 하고, 조금 더 나은 엄마가 되기 위해 잠 오는 눈을 부릅뜨고 책을 읽기도 한다. '조금 더' 나아지려고 노력하고 있다. 그 형태가 조금씩 다를 뿐 그 마음은 모두가 같다.

우리는 그 '조금 더'에 집중하면 된다. 내 글을 읽고 고개를 푹 숙인 채 속상해하고 있었던 그 엄마 역시 '내 아이에게 이렇게 계속 TV를 보여주면 안 되는 것 같은데' 싶은 마음에 미디어 노출에 관한 내용을 검색했을 것이다. 그렇게 찾은 글이 하필 나의 글이었다.

'나는 나쁜 엄마인가 보다.'라고 자책하고 속상해하는 그 자체가 이미 '좋은 엄마'라는 증거다. 내 아이를 위해 더 나은 방법을 찾고, 따라 해 보겠다고 다짐하는 그 마음 자체가 이미 '대단한 엄마'라는 증거다. 찾아낸 방법이 나와 아이에게 결과적으로 실패로 돌아갈 수도 있다. 하지만 그 모든 과정, 숱한 순간에서 아이와 엄마는 자라고 있다. 그렇게 아이도 엄마도 단단해져 간다. 그거 하나면 이미 충분하다. 성공의 관점이 아닌 성장의 관점에서 바라본다면.

실패인 육아는 없다. 잘못된 육아도 없다. 모든 선택이 성공이어야 할 필요가 없다. 다른 이들과 경쟁하는 육아를 하라는 것은 더더욱 아니다. 나와 아이가 조금씩 자라고 있는 '성장의 육아'를 한다면 누가 감히 '너의 육아는 잘못된 것이야!'라고 말할 수 있을까.

엄마가 되고 보니 알 것 같다. '아이를 키운다는 것'은 칼로 무 자르듯 반듯하게 자를 수 있는 것이 아니라는 것을. 지난날 '그렇게 하면 안 돼.'라고 친구의 육아에 온갖 참견을 하던 내가 오히려 '잘못' 되었다는 걸 엄마가 되고 나서 비로소 깨달았다.

자긍심을 갖자. 내 육아가 비록 '최고'는 아닐 수도 있지만, 그 누구보다 내 아이를 위해 '최선'을 다하고 있다는 사실 하나에 단단한 자긍심을 가질 자격은 충분하니깐.

내 아이를 나처럼 잘 키워줄 수 있는 사람은 이 세상 그 어디에도 없다. 나만큼 온 마음을 쏟아 사랑해 줄 수 있는 사람 역시 없다. 나니깐 할 수 있는 일이 '내 아이를 기르는 일'이다. 그러니 고개 숙이며 자책하지 않아도 된다. 아이들이 자라는 만큼 나도 자란다면 그것으로 충분히 성공적인 육아가 아닐까.

엄마이기 때문에 갖게 되는 자책은 누구에게나 생기는 마음이다. 내가 특별히 못났기 때문에 생기는 마음이 아니란 말이다. 오히려 더 잘하고 싶은 마음으로 인해 생긴 '작은 부작용'일 뿐이다.

그런 마음이 들 때면 '아! 지금 내가 아이에게 잘하고 싶은가 보다!' 생각해 버리자. 열심히 아이를 사랑한 나머지 작은 부작용이 생겼네 하며 훌훌 털어버리자.사랑하지 않는 마음으로 아이의 마음을 움직이려 하는 이가 나쁜 엄마다. 그런 엄마가 아니라면 이 세상에 나쁜 엄마는 없다. 남들만큼 못 해줘도 남들처럼 대단하지 않아도 아이에겐 내가 이 세상에서 가장 좋은 엄마임은 명백한 사실이니깐.

## 병원 가는 날

3개월이 갓 지난 작고 작은 나의 아기를 데리고 부산대학병원을 갔다. 이유는 심장에 작은 구멍이 있는 것 같다는 소아과 의사의 진단 때문에. '심장에'라는 의사의 한마디에 정신이 멍했던 그 순간이 아직 잊히지 않는다. 친절하고 상냥했던 소아과 의사는 얼어붙은 나의 표정을 읽었는지 '아주 아무것도 아닌 일'이라고 말해 주었다. 심장에 구멍 같은 건 흔하게 생기는 일이라며 그저 자신의 병원엔 심장을 볼 초음파 기계가 없으니 편안한 마음으로 대학병원에 다녀오라고. 다정한 말투로 나를 안정시켜 주었다. 그 다정함이 무척 고맙고 슬펐다.

그렇게 대학병원에 갔다. 살면서 한 번도 가본 적 없는, 엄청나게 큰 건물들이 그저 위협적으로만 느껴졌던 그곳을 태어난 지 얼마 되지 않는 나의 아이와 갔다. 자꾸만 눈물이 날 것만 같았는데 그럴 새도 주지 않는 바쁜 곳이었다.

이미 와 있는 부모와 아이들로 검사실 앞 복도가 가득 찼다. 시끄러웠고, 정신 없었다. 그 틈에서 나는 이 조그마한 아기가 안쓰러워 한숨만 나왔다. 도대체 이게 무슨 일인지……. 차례가 되어 커다란 검사용 침대에 아이를 눕혔다. 유난히 커 보이는 침대를 보는데 눈물이 날 것 같았다.

'침대가 너무 커.'

큰 침대에서 아무것도 모른 채 누워있는 아이를 보는 심정이란. 검사 결과 역시나 아이의 심장엔 작은 구멍이 있었다. 하지만 '그건' 문제 되지 않는다고 했다. 크기가 작아서 알아서 막힐 거라 말한다. '그건?' 이라는 단어가 마음에 쓰였지만 일단 안심했다. 다행이라고 생각하는 찰나 의사는 말한다.

"그건 문제가 없는데, 아이에게 폐동맥 협착증이 있네요."

기쁨이 한순간에 절망으로 변한다. 도대체 이 작은 아이의 몸속에서 무슨 일이 일어나고 있는 건지. 두 번째로 머리가 멍해졌다. 의사의 설명을 제대로 들을 수가 없었다. 담담하게 이야기해 주니, 담담하게 듣는 척하고 있었지만 내 정신은 이미 아웃 된 상태였다. 말을 하는 것 같은데 아무 말도 들리지 않았다. 진료실을 나와 남편에게 다시 물어봤다.

"지금 도대체 저 의사가 무슨 말을 했어?"

심장에 구멍이 있다는 것만으로도 큰 슬픔이었는데 그건 아무런 문제가 되지 않는다니. 그보다 더한 게 있었다니.

남편의 설명에 의하면 폐동맥 협착이 있지만 협착의 정도는 심하지 않다는 것. 완치는 없으나 경미의 수준으로 유지된다면 별다른 치료 없이 생활할 수 있다는 점. 하지만 협착이 경미의 수준을 넘어가면 간단한 시술로 협착된 곳을 넓혀주어야 한다고 했다. 아기가 잘 먹고 잘 크면 문제가 없을 거라는 말과 함께 6개월 뒤에 다시 검사해 봐야 한다는 말까지. 굉장한 충격을 안고 집으로 돌아왔던 기억이 난다.

그때부터 잘 먹고, 잘 자고, 잘 크는지 신랑에게 확인하는 버릇이 생겼다.

"여보, 우리 아기 이 정도면 잘 먹는 거 맞아?"

"몸무게가 작은데 괜찮은 거 맞아?"

대답은 늘 똑같았다.

"당연하지, 민아. 이렇게 잘 크고 있잖아."

하지만 그 대답을 주기적으로 들어야 그나마 마음이 편해졌다. 그렇게 병원을 다녀온 지 6개월이 흘렀다. 새해가 시작된 1월부터 마음이 쪼여왔었다. 4월이 오는 것이 두려웠다.

'아, 4월이 되면 두 번째 검사하러 병원에 가야 하는데…….'

'내 눈으로 보기엔 너무나 잘 크고 있는데, 내 아기의 몸에선 어떤 일이 벌어지고 있는 걸까.'

도무지 의사의 말을 들을 용기가 나지 않았다. 피할 수만 있다면 피하고 싶었다.

"여보, 병원 가는 날이 다가와. 무섭다."

남편의 대답은 늘 같다.

"괜찮을 건데 미리부터 걱정하냐."

그렇게 두 번째로 대학병원을 다녀왔다. 이것도 두 번째라고 처음보다는 능숙하게 병원을 찾고, 접수하고, 의연하게 기다리기까지 했다.

우리 아기의 순서를 기다리며 주변을 둘러보니, 참으로 많은 아이와 부모들이 검사실 앞에 대기하고 있었다. 모두 나와 같아 보이는 초조한 모습에 마음이 짠해진다. 검사실 앞에서 대기하는데 검사를 마친 어느 부모의 이야기가 들려왔다.

"이젠 여기 오지 않아도 된대."

살며시 들리는 그 말에 신랑이 옆에서 "너무 좋겠다." 말한다. 괜찮다며 씩씩하게 말하던 남편 역시 사실은 나와 같은 마음이었나 보다.

6개월 동안 정말 많이 컸다고 생각했는데, 검사실 침대에 누운 나의 아기는 여전히 조그마하다. 움직이지 않게 하려고 제일 좋아하는 사과를 손에 쥐여주었다. 아이가 낯선 환경에 겁내지 않게 나와 남편은 한껏 웃어주었다. 하지만 초음파 기계를 유심히 바라보는 의사의 눈에 자꾸만 시선이 멈춘다.

'저 눈빛이 상태의 심각성을 나타내는 눈빛은 아니겠지, 아니어야 할 텐데……. 제발 아니어라.'

덤덤히 초음파를 바라보던 의사가 말을 하려고 몸을 돌렸고, 순간 온몸이 긴장되었다.심장의 구멍은 완전히 다 막혔다는 말과 함께 폐동맥 협착은 압력이 이전과 비교했을 때 얼마 차이가 나지 않는 걸 보니 협착이 진행되고 있지 않은 것 같다고 말한다. 그리고 1년 뒤에 한 번 더 검진해 보면 될 것 같다는 이야기까지. 그제야 안심이 되었다. 침대에 누워서 사과를 오물거리는 내 아기가 얼마나 기특하고 고마운지. 지난번엔 도저히 입이 떼 지지 않아 물어보지 못했던 것들을 물었다.만일 이대로라면 일상생활에는 문제가 없는지, 남자 아기라서 운동을 좋아할 확률을 높을 텐데 심한 운동에도 괜찮은지. 대답은 다행히도 다 괜찮다는 것. 비로소 웃을 수 있었다. 1년 뒤에 다시 검사를 받아야 한다는 사실이 내 가슴을 조금 죄어오긴 했지만.

그렇게 또 일 년이 흘렀다. 그 사이에 아이는 건강하게 자라주었다. 누가 봐도 건강해 보이는 천방지축 장난꾸러기 아이를 데리고 또다시 병원을 가야 한다. 다들 아이를 보며 '저렇게 에너지가 넘치는데 아플 리 없다.'라고 말한다. 제발 그래야 할 텐데. 자꾸만 간절해진다. 사실 올해 4월에 병원을 가야 했다.

1년 뒤라면 올해 4월에 갔어야 했는데 벌써 8월이다.

4개월이나 지났다. 검사도, 의사의 말도 두려워 미루고 미뤘다. 하지만 더는 미루면 안 될 것 같다. 그렇게 예약 날짜를 잡았다. 그리고 다음 주, 아이와 함께 세 번째로 대학병원에 간다.

아이가 아프다니 참 많이 속상하다. 속상하다고 생각할 수 있는 것 역시 일상생활에 지장 없는 정도이기 때문이겠지. 아마 낫기 힘든 병이 내 아이를 덮쳤더라면 '속상함'이라는 말조차 하지 못했을 테다.

부모가 되어 간절히 바란 건 오직 아이의 건강이었다. '건강하게만 자라다오.'는 의례 하는 형식적인 말이 아니다. 나의 모든 걸 걸고서라도 지키고 싶은 것 중 제일이 '아이의 건강'이라는 걸 부모가 되어서 느끼게 되었다.

어린 나를 보며 '차 조심해라.' '일찍 다녀라.' '밥은 먹었니?'와 같은 엄마의 끝없는 잔소리는 그냥 잔소리가 아니었다는 걸, 모든 걸 바쳐서라도 지키고 싶은 자식에 대한 사랑이었다는 걸 이제야 알 것 같다.

이번 주 내내 나는 아이의 무사한 검사 결과를 위해 기도하고, 또 기도할 것이다. 딱히 불러낼 신이 없는 무교라 어떤 신을 불러야 하나 잠시 고민도 했다. 그리고 세상 모든 신을 향해 기도하기로 했다.

부모가 되는 일은 참으로 녹록지 않다. 많이 강해야 하고, 많이 견뎌야 하고, 또 많이 내려놓아야 한다. 그 어려운 일을 해내고 있는 세상의 많은 부모가 참으로 존경스럽기까지 하다. 부모라는 이유 하나만으로 격찬을 받아야 마땅하다는 생각이 든다.

그리고 대학 병원에서 보았던 조그맣고 연약한 그 아이들이 어서 빨리 낫길 간절히 기도한다.

# 그럼에도 불구하고 빛나길

처음 엄마가 되어 육아를 시작하는 친구에게 편지를 썼다. 나의 작은 편지에 힘을 얻길 바라며. 그 편지에 적은 한 구절이다.

'그럼에도 불구하고 행복을 발견하길.'

스스로에게 수없이 했던 말이기도 하다. 도무지 기쁨이라곤 찾을 수 없을 때가 종종 있다. 다 팽개치고 문밖을 뛰쳐나가고 싶은 순간이 울컥울컥 찾아올 때가 있다. 그 갑갑함과 말로 표현할 수 없는 답답함에 몇 날 며칠을 혼자 끙끙 앓을 때가 있다. 이미 내 마음이 회색빛이라 아이의 화사하고 밝은 미소까지 빛바래 보일 때가 있다. 아이는 예쁘지만, 육아는 슬픈 순간이 가끔 나에게 찾아온다. 그때마다 나에게 했던 말이었다.

'이 힘듦 속에서도 반짝이는 기쁨을 찾아보자.'

쌍둥이 육아가 괜찮냐는 지인의 말에 '이 정도는 괜찮다.' 고 이야기하곤 했다. 거짓말은 아니었다. 정말 '이 정도는 괜찮은 것 같다'고 생각했다. 하지만 이미 육아를 해 본 경험이 있는 그녀는 되물었다.

"너는 사실 힘든데, 세뇌 시키고 있는 건 아니야?"

'세뇌라…….'

어쩌면 세뇌가 맞을지도 모르겠다는 생각을 했다. 육아 때문에 힘들 때마다 아이가 갖고 싶었던 지난날을 떠올렸다. 육아에 지칠 때마다 '그럼에도 불구하고' 기쁜 순간을 찾아보라고 스스로에게 요구했다.

그렇게 버텨왔다. 물론 아무것도 통하지 않는 '불통의 날'도 있다. '그게 뭐?' '그래서 어쩌라고?'로 모든 걸 외면하는 날도 있었다. 그런 날은 정말이지 걷잡을 수 없이 빠른 속도로 나 스스로가 잠식되어 간다는 걸 느꼈다. 지하 저 끝까지 자신을 떨어뜨리고 있는 나를 발견한다. 육아로 인해 슬픔이 시작된 건 맞지만, 그 슬픔의 끝으로 나를 밀어 넣은 건 나 자신이었다.

'나처럼 힘들게 육아하는 사람이 어디 있어?'

'나만 이렇게 힘든 것 같아.'

'다른 사람들은 참 편하게만 하는 것 같더니만.'

내 마음 한 켠에 자리한 부정적인 감정이 계속되는 부정적인 생각과 만나 내 전체를 뒤덮어 버린다. 멈춰야 한다고 생각했다. 짧은 시간 안에 거대해지는 힘을 지닌 '부정의 것'들에서부터 나를 지켜내야 한다고 생각했다. 그 중요한 사실을 다행스럽게도 꽤 일찌감치 깨달았다. 쌍둥이라는 사실을 알고 나서부터 임신해 있는 기간 내내 각오했었다. 결코 쉽지 않을 거란 걸.

"한 명도 키우기 힘들다고 하는 게 육안데 우리는 둘이잖아. 서로 아무리 노력해도 분명히 힘들 거야. 하지만 아이를 원했던 지금 이 마음을 절대 잊지 말자."

쌍둥이가 태어나고 생각보다 훨씬 더 어마어마했던 육아의 모든 순간을 견뎌낼 수 있었던 건 바로 그때 우리가 한 '다짐의 힘' 덕분이었다. 아이를 키우다가 불현듯 우울의 세계로 떨어지려 할 때마다 남편은 이야기했다.

"이렇게 힘들 거란 거 예상했잖아. 힘들기는 하지만 그보다 더 행복한 날들이 많지 않아?"

"아이가 없었다면 어땠을 것 같아?"

"건강하게 태어나준 것만으로도 정말 감사하지 않아? 상상해봐 어느 한구석이든 아픈 애가 태어났다고."

남편의 다정한 일침은 순간의 괴로움을 흐릿하게 만들어 주곤 했다. 감사의 빛을 밝혀주었다. 내 안에 있는 부정의 기운 때문에, 그 짙은 어둠 때문에 보지 못했던 무언가가 반짝 빛나기 시작한다. 잃어버린 것을 아쉬워하느라 정작 새로 얻은 것의 귀중함을 놓쳐버리고 만 것이리라. 어두워진 마음으로 과거를 바라보느라, 아름다운 빛을 가진 지금을 보지 못하고 만 것이리라.

무엇을 보며 살아가든 시간은 정직하게 흘러가 버린다는 것을 깨달은 후론, 그렇게 흘러간 시간은 절대 다시 돌아오지 않을 거란 걸 알게 된 후론, 부정이 내 몸과 마음을 뒤덮어 버리도록 그냥 두지 말자고 생각했다.

이렇게 되물을지도 모르겠다. 슬픔도 화도 참아야만 하는 거냐고. 전혀. 슬픈 일엔 슬퍼하고, 화가 나는 일엔 화를 낸다. 우울한 날이 있으면 우울해하기도 하고, 좌절을 겪을 땐 잠시 주저앉기도 한다.

부정의 기운이 내 전체를 뒤덮게 그냥 두지 않겠다고 생각한 이후로 내 감정과 만나는 일이 잦아졌다. 금방 회복할 수 있는 작은 상처가 방치로 인해 곪거나 덧나지 않도록 하기 위해서. 아이를 들여다보는 것만큼 정성을 들여 마음을 들여다 보았다.

부정의 기운이 몰아칠 것 같은 예감이 드는 날이면, 이유 모를 두통과 묵직한 무력감이 나를 덮치는 날이면 '지금은 잠시 그만'하곤 엄마이기 때문에 짊어지고 있던 많은 짐 중에서 내려놓을 수 있는 것들을 모조리 내려두었다.

엄마가 직접 지은 밥 대신 편하게 데워먹을 수 있는 것으로 아이의 식사를 대신하고, 쫓아다니며 놀아주는 대신 TV를 틀어주기도, 또 아이가 좋아하는 간식과 조용히 쉴 수 있는 시간을 맞바꾸기도 했다.

평소엔 엄마라는 이유로 죄책감이 들어 하지 않았던, 꾹 참아 왔던 일을 그런 날엔 왕창 내어주었다. 그리곤 혼자 궁상을 떨 수 있는 시간을 나에게 주었다. 슬퍼하고, 우울해하고, 화를 낼 수 있는 시간을. 한참을 멍하니 앉아 있곤 했다. 왜 내가 화가 났는지, 슬픈지 나 자신에게 질문해 가며. 나의 감정이 꽉 막혀 고여버리지 않도록, 졸졸 흘러갈 수 있도록. 그러고 나면 끝내 이렇게 생각하곤 했다.

'생각해 보니 별것도 아니네! 지금부터 애들이랑 뭘 하고 놀아볼까!'

엄마가 되었기 때문에, 내게 두 아이가 생겼기 때문에 견디기 힘든 감정의 골에 푹 빠져버릴 때가 있다. 하지만 똑같은 이유로 살면서 한 번도 느끼지 못한 종류의 기쁨과 행복 역시 나에게 찾아온다는 걸 깨닫게 되는 순간, 이왕이면 대부분의 시간을 기쁨과 행복으로 가득 채워야지 생각하게 된다. 아이의 미소, 작은 손짓, 냄새, 말랑말랑한 볼, 까르르 웃음소리, 엄마를 찾는 서글픈 울음소리….

'맞아. 내겐 이렇게 어마어마한 행복이 있었지.'

이렇게 엄청난 우주가, 한 세계가, 나로 인해 살아가고 있구나 생각하니 그 작은 품이 따스해 견딜 수 없다. 잊지 않으려고, 기억하려고, 내 몸 구석구석에 세포 하나하나에 그러한 사실을 새겨 넣는다. 그러니 세뇌라는 말이 틀린 말은 아니다.

육아 분위기, 아이와 나 사이의 빛깔과 온도. 부모로서 나의 태도와 그 순간의 감정까지. 그 모든 것이 다 '마음의 문제' 란 말인가. 육아의 모든 부분은 마음 하나로 해결되지 않는다. 육아는 생각보다 훨씬 더 복잡하고 어렵다. 때때로 만나는 그 어려움에 나의 세계는 정지되어 버린다. 행동도 사고도 때때로 감정까지. 아무리 잘 해보려고 마음을 가다듬어도 무너질 때가 있다. 육아로 힘들어하는 누군가에게 '너 마음이 문제야!'라고 말하는 건 무척 무성의하고 상처 주는 조언이 되어 버리는 이유이기도 하다.

그럼에도 불구하고 육아의 힘듦을 헤쳐 나갈 수 있는 가장 좋은 방법은 '좋은 마음먹기'라고 생각한다. 그것 말고 더 좋은 방법을 아직 찾지 못했다. 그건 육아를 하는 지금만을 이야기하는 것이 아니다. 세상살이에 필요한 좋은 방법이 될 수도 있겠지.

삶의 분위기는 마음가짐에 의해 환해지기도 또 어두워지기도 하니깐. 내 마음을 조금 더 살뜰히 보살펴주어야 하는 이유다. 마음에 밝은 빛이, 따스한 온기가 유지될 수 있도록. 그 작은 빛과 온기만으로도 세계는 쉽게 무너져버리지 않을 테니깐.

육아라는 세계에 들어와 있는 지금, 우리가 할 수 있는 일이 무엇이 있을까. 이 세계가 무너져 버리지 않게 하기 위해서 말이다. 결국 스스로 이 세계에서 행복을 느끼는 수밖에 없지 않을까.

내 삶에 열린, 가끔은 당혹스럽고 가끔은 너무 슬프고 우울해 몸이 땅속으로 꺼져버릴 것만 같은 이 새로운 세계에서, 내가 찾아낼 수 있는 행복을 모조리 찾아보기로 했다. 천천히 일어나 조금씩 걸어 나가면서 끊임없이 이 세계를 기뻐하자고 생각하며.

육아를 막 시작한 친구에게 편지를 썼다. 힘든 육아 속에서도 행복을 찾길 바라며. 태어난 지 며칠 안 된 아기에게 젖을 물리며 나의 편지를 읽었을 친구는 내 편지를 보고 어떤 생각을 하였을까. 되게 진부하고 성의 없어 보인다고 생각하진 않았을까. 고작 이 말을 하려고 긴긴 글을 썼나, 피식 웃고 말진 않았을까.

육아의 고됨을 '마음 다스리기' 그것 하나로 버텨온, 아니 지금도 버티고 있는 내가 그녀에게 해줄 수 있는 말은 고작 그게 전부였기도 했지만, 꼭 이야기해주고 싶은 말이 그것이기도 했다.

시간은 흐른다.

아이는 자란다. (물론 나도 늙긴 하지만…….)

영원할 것 같은 이 순간은 어느새 추억이 되어버린다.

중요한 건 결국 기간이 정해져 있다는 것.

엄마의 손이 필요한 아기 시절은 언젠가는 끝나버리고 만다. 어느새 나만큼 자라 스스로 모든 걸 해 내는 아이의 모습을 상상하니, 그때 비로소 '아! 정말 좋았던 시절이 지나가 버렸구나.' 그리워할지도 모른다는 생각을 하니, 지금 이 하루하루의 당연한 일이, 아니 조금 귀찮고 때때로 힘들다고 생각했던 엄마의 일이 더없이 귀중하게 느껴지고, 사무치게 애틋해진다.

이 세상 많은 엄마가 행복함을 훨씬 더 많이 만끽하며 아이를 키웠으면 좋겠다. 그건 아이를 위한 일이기도 하지만 결국 자신을 위해 더없이 좋은 일이기도 하니깐.

'그럼에도 불구하고 빛나는 시절'은 결국 내가 만들기 나름이니깐.

# 부모로 살아남기

어쩌다 보니 쌍둥이 엄마가 되었다. 처음 쌍둥이를 임신했다는 소식을 들었을 때 믿을 수 없어 몇 번이고 되물었다.

"네? 쌍둥이요?"

예측할 수 없는 게 인생이고 그러므로 살아가는 재미가 있다고 하지만 처음 쌍둥이 소식을 들었을 땐 마냥 재미있을 수만은 없었다. 간절히 원했던 임신이었음에도 아이 둘을 동시에 키워야 한다는 생각이 내 머릿속을 하얗게 만들었다.

각오를 단단히 했다. 남들보다 빠르게 불어오는 배를 부여잡고 남편과 수차례 마음을 다졌다.

"정말 힘들지도 몰라. 각오 단단히 해."

"방심하지 말자. 우리에겐 아들이 둘이나 생길 거라고."

아홉 달 동안 남편과 함께 다져왔던 각오 덕분에 어쩌면 지금까지 '잘 버티고' 있는 건지도 모르겠다. 하지만 '육아'는 실로 만만한 상대가 아니었다. 육아는 모든 게 처음인 우리 부부에게 매일 같이 '당혹스러움'을 안겨 주었다.

어른 두 명이서 아이 둘을 돌보고 있는데도 불구하고 겨울날 등에서 땀이 주르륵 흘러내렸다. 아이 하나에 어른 한 명이면 할 만할 거로 생각했는데 현실은 결코 그렇지 않았다. 남편과 발만 동동 굴렀던 순간이 한두 번이 아니다. 그렇게 좋아했던 외출은 되도록 삼갔다. 신혼 때 틈만 나면 어디론가 훌쩍 떠났던 우리는 두 아이 덕분에 집밥을 꽤 오랫동안 부지런히 먹을 수 있었다.

2년이 흐른 지금에서야 가끔 외식을 한다. 여전히 밥이 코로 들어가는지 입으로 들어가는지 모르지만. 쌍둥이를 낳고 길거리에 나가면 꼭 두어 번씩 누군가로부터 질문을 받아야만 했다.

"쌍둥이예요?" 어색하게 웃으며 "네."라고 짧게 대답한 뒤 얼른 그 자리를 피하곤 했다. 하지만 남편은 달랐다. 오히려 먼저 "아구~예쁜 누나네. 누나는 몇 살이야?"라며 가만히 있는 아이에게 말을 걸었다. 그걸로 우리 부부는 여러 차례 실랑이를 벌였다.

"조용히 좀 해."

"사람 사는 게 그런 거지."

남편이 누군가에게 말을 걸 것 같으면 혼자 빠른 걸음으로 걸어가 그 자리를 피하곤 했다. 하지만 이젠 나도 쌍둥이 엄마로 2년이나 살았다. 그간 받은 수많은 질문 덕에 낯선 사람과의 대화가 어느 정도 편안해졌다. 낯선 사람의 물음에 선뜻 대답하기도 또 묻기도 하며 대화를 이어나간다. 타인과 자연스레 대화하는 기술, 엄마에게 주어지는 능력이라는 걸 알게 되었다.

아이들의 고집에 웃으며 넘어갈 수 있는 너그러움이 생겼다. 맨발로 다니겠다든지, 옷을 입지 않고 놀겠다든지, 주방에 있는 모든 것들을 꺼내겠다든지……. 가끔 이해할 수 없는 행동을 하겠다고 억지를 쓰면 그렇게 하도록 내버려 뒀다.

어른의 규율에 맞춰 아이를 키워야 한다는 강박을 내려놓으니 아이의 말도 안 되는 고집에 웃을 수 있게 되었다. 내 마음이 편한 대로 생각했다. 아이의 고집은 그야말로 '자아 성립' 의 증거니 잘 자라는 중이야 라고. 몇 번이고 그렇게 되뇌었더니 이젠 정말 그렇게 보이기 시작했다.

아이 자신과 타인에게 해가 되지 않는 모든 일은 '에라! 몰라.' 하고 맘 편히 내려놓는 것. 아들 쌍둥이 육아를 하면서 제정신을 장착한 채 살아남을 수 있었던 방법이기도 했다.

전업주부가 있는 집안은 무조건 깨끗해야 한다고 생각했다. 아이를 낳고 나서도 깨끗한 집을 유지하기 위해 참 많이 노력했다. 하지만 이젠 여기저기 널브러진 장난감들을 보며 '사람 사는 집 같네.' 생각하고 만다. 요일마다 청소구역을 정해놓고 딱 거기만 청소하는, 나름 계획적이고 융통성 있는 주부 생활을 하고 있다며 자화자찬한다. 집이 깨끗한 것도 중요하지만 내 마음 또한 지저분하지 않아야 한다는 생각에 내 몸을 '덜' 혹사시키기로 한 것이다. 몸이 덜 고되니 마음이 자연스레 편해졌다. 그러한 마음으로 좋아하는 일을 하기 시작했다. '엄마'의 일을 조금 내려놓으니 '나'를 위해 쓸 수 있는 시간이 생겼다. 그건 결국, 모두를 위한 일이기도 하니깐. 나를 조금 더 사랑했더니 내 주변 구석구석까지 더욱 빛나 보이기 시작했다.

엄마로 살아가면서 한 인간으로서 참 많은 변화가 있었다. 몸이 예전 같지 않다든지, 소싯적 몸매는 도저히 찾을 수 없게 되었다든지……. 그런 것만 빼면 나의 내면은 여러모로 긍정적으로 변했다. 엄마가 되고 나서 갑자기 바뀌었던 건 아니다. 수없이 많은 시행착오가 있었다.

엄마라면 이 정도는 되어야 한다는 '엄마 기본값'이라는 게 나에게 있었다. 육아 고수나 살림고수를 보며 나 역시 그들처럼 살아야 할 것 같다는 생각을 했다. 누구 하나 나에게 그들처럼 해야 한다고 하지 않았다. 나 스스로 정한 기본값이었다.

'이 정도는 기본으로 해야지!'

이왕이면 남들한테 잘한다는 소리를 들으면 좋을 것 같아서 또는 있어 보이고 싶어서 남을 기준으로 정한 나의 기본값이었다. 그들을 따라 하려고 부단히 노력했다.

육아에도 내공이라는 것이 있고 주부에게도 급수라는 게 있는데 초짜 엄마, 주부 1단의 경력으로 나보다 몇 년이나 먼저 육아와 살림을 시작한 그녀의 내공을 단박에 따라 하려 했으니 그야말로 뱁새가 황새를 쫓아가다 가랑이가 찢어지는 격이었다. 발버둥 치면 칠수록 힘들어진다는 걸 어느 날 깨달았다. 내가 못 해서가 아니라 기본값 자체가 잘못되었던 것이다. 남을 기준으로 정했으니 오죽하려고.

세상 모든 아이가 다르듯 엄마의 육아법도 다를 수밖에 없다는 걸 뒤늦게 알았다. 정답 같은 건 애당초 없었던 거다. 누군가가 하는 그 방법이 '정답'이 될 수 있는 건 그 엄마의 '아이'에게만 해당하는 것이라는 걸 이제야 안 것이다.

이제는 '나만의 방식'으로 육아를 한다. 남들이 하는 그럴듯한 육아 방법이나 전문가가 말해 주는 지식 중 나와 나의 아이에게 알맞은 것이 있는지 살펴본 뒤 가장 적합해 보이는 몇 가지를 적용해 보는 것이다.

그중에서 좋은 건 취하고 그렇지 않은 건 과감히 버린다. 다른 이들을 부러워하지 않기로 했다. 대신 그들에게서 배울 수 있는 점이 무엇이 있는지를 생각해 보기로 했다. 그리고 나와 아이를 조금 더 믿어주기로 했다.

사람은 실패와 실수를 통해 성장한다. 엄마 역시 사람인지라 몇 번이나 실패하고 넘어지고 또다시 일어서길 반복하면서 엄마 노릇에 익숙해 져 간다.

걸음마를 처음 시작한 아이가 넘어질 때마다 아무렇지도 않은 듯 다시 일어나 걷는 것처럼 우리 역시 그렇게 엄마가 되어가는 거다. 넘어져도 괜찮다. 아프면 울면 된다. 그리고 다시 일어나 걸으면 그뿐이다. 한걸음 떼는 것조차 힘들어 보이던 아이가 어느샌가 뛰어다니는 걸 보지 않았는가. 우리 역시 조금씩 더 나은 엄마로 성장해 나가는 중이다.

실수하면 어떻고, 실패하면 어떠랴. 그 모든 것의 기저엔 자식에 대한 지극한 사랑이 깔려 있지 않은가. 사랑하는 방법, 표현은 제각기 다를지 몰라도 그 본질은 똑같다. 그러니 주춤거리지 말고 비교하지 말고 당당하게 엄마 노릇을 하는 거다.

내 아이에게 가장 훌륭한 엄마는 그 누구도 아닌 '나' 니깐.

# 마치는 글

아이를 키운 지, 부모가 된 지 벌써 꽉 찬 2년이 되었다. 어떻게 지나갔는지 모를 만큼 세월은 빠르게 흘러갔다. 아무것도 못 하고 누워있던, 딱 내 팔뚝만 했던 나의 쌍둥이는 부지런히 자라 웬만해서 막을 수 없는 장난꾸러기가 되었다.

엄마가 지쳐있다는 걸 눈치라도 챈 듯 설거지를 하는 내 엉덩이를 조그마한 손으로 톡톡 친다. 뭔가 싶어 뒤돌아보니 앙증맞은 하얀 이를 내보이며 방긋 웃어주곤 쌩하니 사라진다. 웃지 않을 수가 없다. 이내 내 입가엔 미소가 지어진다. 뻐근했던 뒷목도 풀리는 것 같다.

'이 맛에 애 키우는가 보다!'라는 말이 절로 나온다.

어느새 자라서 엄마의 기분도 맞춰 줄 줄 알게 되었다. 매일 누워서 나만 쳐다보던 아이는 이제 나와 함께 세상을 바라보며 걸을 수도 있다. 고작 몇 마디가 다지만 대화도 나눌 수 있게 되었다. 누워서 응애응애 울기만 하던 아기가 언제 이만큼 자랐나 싶어 새삼스러울 때가 한 두 번이 아니다. 영원히 끝날 것 같지 않았던, 내 모든 시간과 정성이 필요했던 아기 시절은 어느덧 추억이 되어버렸다.

아이가 자라는 만큼 나도 자랐다. 24개월 아기를 둔 24개월짜리 엄마가 되었다. 아이 덕분에 그동안 숱한 처음을 경험했다. 그 첫 경험은 때로는 기뻤고, 때로는 슬펐으며 또 때로는 당혹스러웠고, 또 한편으로는 속상하기도 했다. 그 모든 경험이 차곡차곡 쌓여 이전보다 훨씬 단단한 엄마가 되었고 유연한 인간이 되었다.

어느 날 친구에게서 긴 문자가 한 통 왔다. 카톡이 이렇게 길어도 되나 싶을 만큼 긴 글의 주 내용은 오랜 시간 알고 지낸 나에게서 새로운 모습을 발견했다는 것이었다.

'너를 다시 보게 되었다. 무던한 성격이라 쌍둥이 육아를 잘 견뎌내는 것으로 생각했는데 그게 아니라 정말 성장했다는 걸 너의 글을 보며 느낄 수 있었어.'

그녀는 진심으로 나의 삶을 응원해 주었다. 또 다른 친구는 내가 어딘가 모르게 온화해졌다고 했다. 뭔지 모르겠는데 눈썹이 예전보다 내려왔다나……. 다소 황당한 말에 웃음을 터뜨렸지만, 집으로 돌아와 몇 번이나 그 말을 곱씹어 보았는지 모른다.

'무엇이 나를 이렇게 변하게 했을까?'

'나의 무엇이 그녀에게 새로이 비쳤을까?'

'도대체 무슨 연유로 내 눈썹은 내려오게 되었을까?'

길게 생각하지 않아도 답은 나와 있다. '아이' 때문이다. '엄마'가 되었기 때문이다.

아이를 낳고 나서 내 삶의 많은 부분이 변했다. 내 마음에 뜬 두 개의 태양이 내 삶을 환하게 비춰주었다. 마음을 뜨겁게 달궈 주었다. 덕분에 예전보다 타인을 바라보는 시선이 따뜻해졌고, 온화해 졌다. 두 태양의 뜨거운 심술을 매일같이 참다 보니 '이 정도쯤은!' 하고 넘어갈 수 있는 여유로움과 인내도 생겼다.

두 아이를 보살피고 있다는 이유 하나만으로 타인으로부터 수많은 배려와 관심을 받았다. 그로 인해 나 역시 타인을 향한 마음이 예전보다 넓어졌고, 너그러워졌다. 그렇게 나는 조금씩 더 나은 인간으로 변해가고 있다.

이제 고작 2년이다. 훨씬 더 길고 힘든 육아의 시간이 나를 기다리고 있을 테지. 엄마 노릇은 결코 쉽지 않다는 걸 육아를 하면 할수록 느끼고 있다.

하지만 처음 쌍둥이를 가졌을 때 느꼈던 불안과 두려움은 이제 없다. 아이를 키운 지 2년이라는 시간 동안 잃은 것만큼이나 얻은 것이 있으니깐. 한 참이나 남은 엄마 노릇이 기대되고 설레는 이유 또한 그때문이리라.

'슬슬맘'이라는 내 닉네임은 여러 의미가 담겨 있다. 두 아들의 이름에서 힌트를 얻어 지었다. 아이들이 태어났을 때 남편은 어머님이 철학관에서 지어온 이름을 극구 거절했다. 본인이 직접 이름을 지어 주고 싶다는 게 그의 의견이었다. 며칠을 고민했다. '슬기로움이 가득 찬'이라는 뜻을 가진 '슬찬' 그리고 '슬기롭고 옹골찬' 이라는 뜻을 가진 '슬옹'. '만복이와 다복이'라고 불렸던 두 아이의 진짜 이름이 그렇게 탄생 되었다.

슬기로운 아이가 하나가 아니라 둘이나 있다. 엄마인 내가 두 배로 슬기로워져야 하는 이유기이기도 하다. '슬슬맘'이라는 이름 안에는 나의 그러한 다짐이 들어 있다.

슬기로움도 마음 놓기도 두 배로 하자고.

'슬슬 육아하는 슬슬맘' 이 되어 보자고.

누구나 그렇듯 나 역시 처음 겪는 육아 앞에서 '힘껏 내 달릴' 준비를 했다. 누구보다 잘 해내겠다는 마음이 마라톤 경주를 100m 달리기 시합처럼 임하게 했다. 실제로 한동안은 죽어라 내달렸다. 금세 지쳐버리고 말았다. 체력도 인내도 바닥을 쳤다. 나의 마음은 슬퍼지고 말았다.

'아이는 예쁜데 육아는 슬픈' 상황이 되고 만 것이다.

'아, 우리는 사랑하기 위해 또 사랑받기 위해 만난 존재였지.'

누군가에게 멋진 엄마, 잘 자란 아이로 비치기 위해 만난 존재들이 아닌 거다. 그저 우리답게 살며, 우리답게 사랑하면 그뿐인 것인데. 아이도 나도 '자라고' 있는 중이라고, '사랑하고' 있는 중이라고 여겨주면 그뿐인 것인데. 어쩌다 생겨버린 욕심에 그만 힘들어져 버리고 만 것이구나.

'존재'에 감사하기 시작하니 모든 것이 '축복'이라는 것을 진심으로 깨달을 수 있었다. 아이가 우리 부부에게 축복이듯 우리 부부 역시 아이에게 축복이리라.

엄마가 행복해야 아이가 행복하다는 말의 의미를 알게 되었다. 아이만 키우는 게 육아가 아니라 아이와 함께 엄마도 자라야 비로소 진정한 육아인 것이다. 그게 바로 행복의 시작이라고.

아이에게 쏟아 붓는 정성 중 한 줌을 덜어 나에게 쏟아 붓기로 했다. 그렇게 책도 읽고 글도 쓰기 시작하였다. 육아하며 일어나는 많은 실수를 '성장의 관점'에서 허용할 수 있게 되었다. 나의 육아는 훨씬 편안해 졌다. '함께 자란다'는 진짜 의미를 깨달았다.

아이들과 함께하며 엄마로서는 물론이거니와 한 인간으로서 성장할 수 있었다. 이 두 아이가 나에게 준 큰 선물이기도 하다. 아이들이 10살이 되고 20살이 되면 나 역시 10년 차 엄마, 20년 차 엄마가 될 것이다. 쌓이는 엄마 내공만큼이나 한 인간으로서 성숙해져 있겠지. 아이의 미래만큼이나 나이든 나의 모습 또한 기대된다.

내가 앵그리 버드 마냥 눈썹이 올라간 채 평생을 살지 않도록 우리에게 와준 쌍둥이 아들 슬찬, 슬옹이. 매일 밤 뜬눈으로 밤을 지새우며 육아를 함께 한, 그리고 앞으로도 함께 할 나의 영원한 육아 동지이자 소울 메이트 남편 정해곤, 존재 자체만으로도 든든한 양가 부모님, 함께여서 언제나 고마운 내 동생과 동서네 식구에게 감사의 인사를 전하며.

끝으로 육아로 바쁜 나날을 보내고 있을 여러분에게 나의 책이 '오아시스'가 되어준다면, '작은 빛'을 밝혀준다면 더할 나위 없이 기쁠 것 같다.

'엄마'라는 이유 하나로 꼭 끌어안아주고 싶은 여러분의 삶을 응원하며.

언제나 빛나는 그대에게

슬슬맘 장정민

# 육아는 힘이 된다

초판 1쇄 발행 | 2020년 6월 29일

지은이 | 장정민
펴낸이 | 김지연
펴낸곳 | 마음세상

주 소 | 경기도 파주시 한빛로 70 515-501

신고번호 | 제406-2011-000024호
신고일자 | 2011년 3월 7일

ISBN | 979-11-5636-420-7 (03590)

원고투고 | maumsesang2@nate.com

* 값 13,200원


* 마음세상은 삶의 감동을 이끌어내는 진솔한 책을 발간하고 있습니다. 참신한 원고가 준비되셨다면 망설이지 마시고 연락주세요.
이 도서의 국립중앙도서관 출판예정도서목록(CIP)은 서지정보유통지원시스템 홈페이지(http://seoji.nl.go.kr)와 국가자료종합목록 구축시스템(http://kolis-net.nl.go.kr)에서 이용하실 수 있습니다. (CIP제어번호 : CIP2020023777)